BASICS

MATERIALS

건축재료의 기초

BASICS

MATERIALS

건축재료의 기초

Manfred Hegger, Hans Drexler, Martin Zeumer 공저

이주혜 옮김

역자 소개

이주혜

- 충남대학교 건축공학과 졸업
- 홍익대학교 건축도시대학원 실내설계전공 졸업
- 홍익대학교 건축학과 박사과정 수료
- 신성대학 인테리어 리모델링과 교수

Basics
MATERIALS
건축재료의 기초

Manfred Hegger · Hans Drexler · Martin Zeumer 저
이주혜 옮김

1판 발행 2012년 1월 31일 **발행**

발행인 겸 편집장 김기현
발행처 시공문화사 ***Spacetime***
등 록 1993년 3월 12일
주 소 서울시 서대문구 현저동 200 **극동빌딩** 5**층**
전 화 02) 3147-1212, 2323
전 송 02) 3147-2626
ISBN 978-89-5592-212-7
http://www.spacetime.co.kr
spacetime@korea.com

정가 9,500**원**

차례 CONTENTS

머리말

건물을 만드는 데 사용되는 재료들은 건물의 효과와 영향 면에서 중대한 역할을 수행한다. 재료들이 중요한 것은 단지 시공의 기초여서만이 아니라, 건물과 사람들을 중재하는 역할을 해서이기도 하다. 재료들은 건물과 그 구조, 그리고 그 기능에 대한 이야기를 담고 있다. 표면은 감각을 통해 지각되며 감정을 전달한다. 재료는 건물을 외부세계로 개방시켜 가볍고 투명하게 보이게 할 수도 있고, 건축언어의 관점에서 원하는 인상을 만들기 위해 건물을 단조로운 거석처럼 보이게 할 수도 있다. 재료의 선택은 설계의 일부다. 따라서 건물의 재료적 특성들은 세심하게 선택하고 활용해야 한다. 재료는 그 설계를 뒷받침해야 하며, 어떤 경우는 심지어 설계의 윤곽을 잡는데 도움을 주기도 해야 한다. 다양한 재료들은 저마다의 많은 가능성들을 제공하기에 건축가들에게 이상적인 설계자원이 된다.

이 "기초" 시리즈는 한 새로운 활동영역의 중요한 원리들을 단계별로 진행하면서 건축을 공부하기에 적절하고 유용한 도구를 제공한다. 전문가적인 지식을 총체적으로 집대성하려하는 건 아니지만, 학생들이 쉽게 이해할 수 있도록 설명하고 다양한 주제영역 내의 중요한 이슈들과 요인들에 대한 학생들의 이해를 키우려는 목적이다.

"재료의 기초"를 다루는 본서는 재료와 건물요소의 중요한 속성들을 최우선으로 다루기로 한다. 따라서 본 저자들은 총체적인 조사결과를 제공하진 않되, 설계에 필수적인 제재와 건물을 나중에 지각하는 방식에 집중한다. 그 초점은 다양한 재료들의 통찰력 있는 사용과 더불어 그런 재료들이 제공하는 다양한 범위의 설계 가능성들에 맞춰진다. 먼저 그 재료들의 핵심속성들을 파악하기 때문에, 독자들은 재료의 물리적이고 정서적인 세계를 경험할 수 있다. 건물들의 재료 특성을 다룰 때 전형적인 설계 접근법과 원리들도 설명한다.

본서 "건축재료의 기초"를 통해 학생들은 다양한 재료들의 활용에 관한 지식을 습득하고, 이로써 자신의 설계와 아이디어를 활기차고 표현적으로 만들 수 있을 것이다.

베르트 비엘레펠드, 편집자

0. 서론

건축은 하나의 설계 개념에 물질적인 형태를 부여한다. 이런 개념을 실제의 건축물로 번역해내는 일과 그것이 관찰자들에게 주는 효과는 본질적으로 재료의 선택을 통해 결정된다. 엄청나게 다양한 재료들을 사용할 수 있지만, 좋은 설계를 가능케 하는 건 불가피하게도 아주 특수한 재료특성들이다.

하지만 재료특성(material quality)이란 무얼 의미하는가? 현대 건축담론에서 통용되는 것처럼, 이 용어는 자유롭게 사용되지만 모호하고 부정확한 차용어다. '재료특성' 이라는 용어는 종종 건축의 외피에 적용된다. 재료는 그 외관과 만질 때의 느낌, 냄새, 음향특성들을 통해 공간경험에 기여한다.

우리는 중요한 재료특성을 언급함으로써 외피가 전체적인 재료특성의 일부만을 대변할 뿐이라는 유보적 입장의 우회를 시도한다. 하지만 지각은 단순한 시각 이상으로 인간이 느끼는 더 많은 감각들을 수반하며, 이는 재료특성이 한 외피의 구조이상임에 틀림없음을 말해준다.

이러한 점은 재료특성이란 용어를 처음 사용한 철학적 정의를 통해 명확해지는데, 그 정의는 몸이 질료(matter)로, 즉 재료적인 물질로 구성되면서도 물리적인 현존감도 전해준다고 말한다. 따라서 그 재료로부터 재료특성이 생겨나며, 이 정의에서는 재료들의 많은 측면이 하나의 통일체로 융합하는 것이다.

하지만 이러한 설명은 재료특성이란 개념에 담겨진 모든 주제들을 포괄하지 않는다. 외피와, 내부구조, 그리고 그로 인한 물리적 실체의 출현뿐만 아니라, 건축에서 특히 중요한 연상적인 면도 존재한다. 재료들은 여러 가지 상황들을 연상시키고 상징할 수 있다. 석재가 부와 권력을 나타낸다는 사실은 어떤 금융지구에서도 발견할 수 있다. 따라서 세 가지의 의미수준, 즉 시각적 수준과 내부적 수준, 그리고 연상적 수준의 재료특성이 존재한다.

재료특성은 옳지도 그르지도 않은 개인적이고 개별적인 입장에 기초하여 지각된다. 많은 뛰어난 건축가들은 재료특성의 맥락에서 자신만의 관점을 발전시켰다. 몇 명만 거론하자면, 알바 알토와 안도 다다오, 루이스 칸이 재료선택을 통해 자신들의 건축에 영속적인 특질을 부여해왔다.

손쉬운 재료취급과 재료실험이 주는 기쁨은 건축을 풍요롭게 한다. 새로운 것들의 매력이 핵심적인 역할을 수행한다. 모든 건축가는 이 점에 친숙하다. 많은 건축가들이 자기 건물을 독특하게 만드는 혁신적인 장치로서 재료선택을 활용한다. 그러한 선택은 건축에서 점차 중심적인 주제가 되어가고 있는 가능성들을 제시한다. 재료의 다양성과 그것의 독립적 사용, 기술적 가능성의 한계에 대한 탐험, 재료의 의도적 오용, 혹은 건축과 무관한 영역에서 쓰이는 재료를 건축에 차용하기 등은 오늘날의 건축가들이 사용하는 스타일적 장치 가운데 일부다.

재료를 선택하기 위해서는 수많은 확실한 정보에 대한 지식이 필요하다. 또한 어떤 특정한 건축적 맥락에 적합한 재료에 대한 직관과 느낌도 필요하다. 본서는 먼저 객관적으로 증명 가능한 "확실한" 요인들의 관점에서 재료특성을 살펴볼 것이다. 중요한 질문들은 다음과 같다. 재료들은 어떤 외적 조건들에 노출되는가, 그리고 이런 조건들은 재료들에 어떻게 영향을 끼치는가? 재료선택은 어떻게 체계화할 수 있는가? 일단 이런 토대를 확립하고 나면, "불확실한" 요인들이 중심을 이루게 된다. 따라서 본서는 설계전략들을 통해 재료들이 제공하는 가능성의 범위부터 재료특성에서 발전하는 가능한 입장들까지 독자들을 안내할 것이다.

"재료선택을 위한 원리들" 장에서는 재료취급에 관한 기초적인 이슈들을 소개할 것이다. 그것은 재료의 생애주기 과정에 영향을 주는 중심적 영향들을 지적하고, 현명한 평가를 위한 수단을 제시한다. "재료의 분류" 장에서는 선별한 건물재료들에 대한 선택기준과 성능, 적용분야들을 설명한다. 재료속성들에 기초하여 가능한 성능시방이 하나의 재료활용목록으로서 함께 제공된다. 마지막으로 "재료를 활용한 설계" 장에서는 재료들을 활용하여 설계하는 다양한 방식들을 논한다. 독자에게 아이디어를 제공하고 재료의 취급가능 영역을, 혹은 이런 관점에서 어떻게 하나의 설계문제에 접근할 수 있는지를 알려주는 다양한 설계 접근법과 원리들을 묘사하고 설명한다.

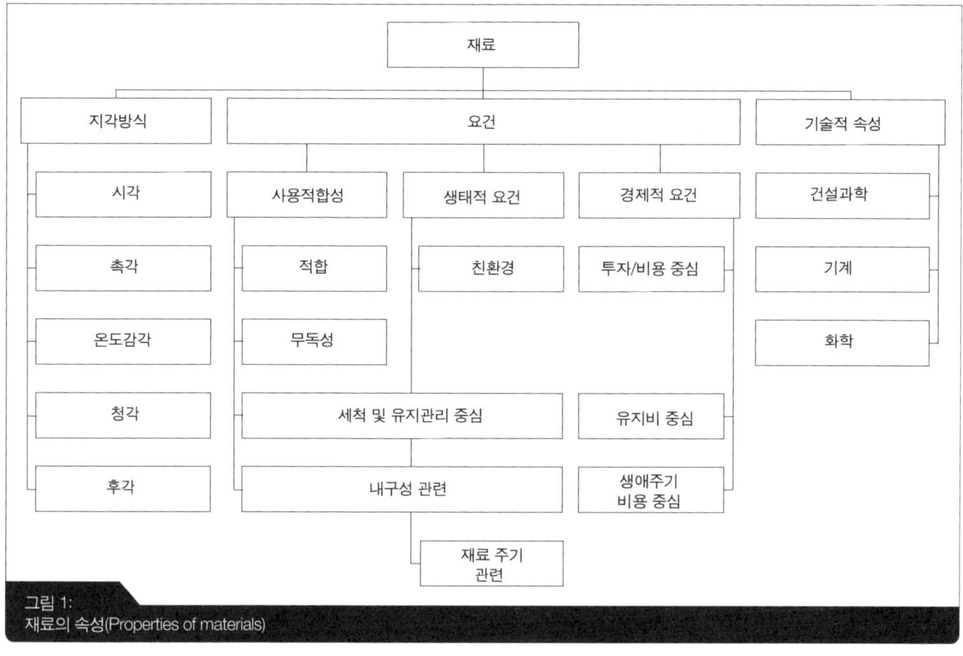

그림 1:
재료의 속성(Properties of materials)

1. 재료선택을 위한 원리들

오랫동안 건물 재료는 거의 선택의 여지가 없었다. 이용할 수 있는 재료는 매우 적었고, 모두 보편적으로 알려진 재료들이었다. 그런 재료들을 다루는 노하우가 개발되어 여러 세대에 걸쳐 전수되었다. 산업화의 시작은 일반적으로 이렇게 역사적으로 자리 잡아온 관리 가능한 특성을 깨버렸다. 오늘날 우리가 다루는 재료는 무수히 많다. "재료 물색자(material scout)"와 같은 전문가들은 건축가들에게 재료와 혁신에 관한 정보를 제공한다. 가용한 재료의 수가 늘어가면서 가능한 성능분야도 성장했다.

\\ 참고:
"재료 물색자"라는 용어는 정확하게 어떤 직업을 가리키는 게 아니라 건축가가 특수한 목적으로 건물재료를 활용하는 지식을 체계화하면서 새롭고 혁신적인 재료들의 작업이나 조사, 혹은 개발을 할 수 있는, 또한 창조적인 아이디어들을 제공함으로써 설계하는 건축가들을 지원할 수 있는 영역을 말한다.

건축가들은 이 모든 걸 자세히 알 필요 없으나 그것들의 연관관계와 그로 인한 결과들은 알고 있어야 한다. 건축가들은 그 속성에 대한 지식, 하나의 설계, 그리고 이후의 실시단계에서 고려할 수 있는 재료들의 모든 수준들을 결합할 것이다. 그 설계과정을 이끄는 건 지각관련 속성들뿐만 아니라 생태적, 경제적, 기술적 속성들, 그리고 사용관련 속성들이기도 하다. 〉 그림 1 참고

1.1 재료의 지각

재료가 만드는 효과는 모든 감각들을 통해 식별되며, 다음과 같은 효과가 이루어진다.

_ 시각 – 보임
_ 촉각 – 만져짐
_ 온도감각 – 느낌
–청각 – 들림
_ 후각 – 냄새

(1) 시각

인간이 수용하는 정보자극의 약 90퍼센트는 시각에 기초한다. 따라서 건물재료를 결정할 때 대개 시각적 고려를 가장 먼저 하는 건 놀라울 게 거의 없다.

표면지각
Surface perception

시각은 투과되는 광선들에 기초한다. 이에 일치하는 재료특성은 재료표면에 반사되는 광선들이다. 따라서 한 재료에 부딪히는 빛은 시지각에서 핵심적인 역할을 수행한다. 광택성에서 무광택성, 밝은 것에서 어두운 것, 균질한 것에서 결이 있는 것까지 다양한 건물재료의 외피는 건축설계를 위한 기초를 이룬다. 산업적으로 제조된 표면들의 애매한 매끄러움은 때때로 다시 봐야만 지각할 수 있는 거칠기를 지닌 감각적으로 통제된 부재들만큼이나 매혹적일 수 있다. 3차원적 구조들은 빛이 그 결에 예각을 이루며 투사될 경우 더 큰 깊이를 얻는다. 창문이나 광원의 세심한 배치는 재료들의 3차원적 특성을 향상시킬 수 있다. 〉 그림 2 참고

투명성
Transparency

이런 효과는 투명한 재료들을 통해 크게 강화되기 때문에 사용되는 재료와는 상관없이 이루어지는 걸로 보일 수 있다. 유리나 플라스틱처럼 반투명하고 심지어 결이 있는 면들을 중첩시킬 수 있으며, 천공된 불투명 재료들도 활용할 수 있다. 결과적으로 이루어지는 간섭효과는 보는 각도에 따라 건물의 외관을 변화시킨다. 그 건물은 활기를 얻고, 커다란 고른 표면들의 생동감이 향상된다. 〉 그림 3 참고

색상
Colour

건물재료의 색상은 수행해야 할 중요한 역할도 갖는다. 그 재료가 밝은 색

그림 2:
콘크리트 표면의 질감

그림 3:
유리상의 프린트가 일으키는 간섭효과

일 경우에는 특히 강한 3차원적 효과를 만들어내는데, 눈은 색상의 특성보다 명암의 대비를 먼저 인식하기 때문이다. 이러한 대비는 드리우는 그림자 때문에 특히 밝은 색상의 재료에서 크게 나타난다. 어두운 색상의 재료들은 대비를 거의 나타내지 않기 때문에 그 표면들은 조형적 특성을 상실하고 2차원적으로 보이는 경향이 있다.

색상은 공간의 지각방식에 영향을 준다. 따뜻한 색상은 공간을 더 작아보이게 하는 반면, 차가운 색상은 공간을 더 커보이게 한다. 색상은 무의식적이고 감정적인 면에서도 사용자들에게 영향을 주는데, 차가운 색상은 멀리 있는 느낌을, 따뜻한 색상은 자극적인 느낌을 준다.

스케일
Scale

건물 재료 및 표면들의 크기와 스케일은 그것들이 만드는 인상을 결정하는데도 도움을 준다. 다양한 재질의 치수들이 근거리와 중거리, 원거리의 지각에 영향을 준다. 따라서 한 재료의 효과는 사전제작(prefabrication)과 부재 크기, 결, 접합, 기타 표면처리들의 정도로 정의된다. 이런 식으로 재료들을 선택함으로써 하나의 특정한 건물을 주변 환경과 어울리게 하거나 눈에 띄게 할 수 있다. › 그림 4 참고

연상
Association

거의 무한한 시각적 자극의 다양성은 지각과정에서 관찰자들에게 중요한 자극들로 환원되며, 관찰자들 각각의 지식을 통해 개인적인 이미지로 만들어진다. 건축가는 친숙한 연상들을 떠올리게 하는 방식으로 이를 활용할 수 있다. 예를 들어 한 입면 상에 유달리 작은 석재 형식들을 사용하면, 스케일에 대한 무의식적인 가정들 때문에 건물이 특히 커 보일 수 있다. › 그림 5 참고

그림 4:
끊기는 반사효과

그림 5:
스케일이 촉발하는 연상효과

(2) 촉각

촉각에 관해서는, 몸 전체가 하나의 감각기관이 되며 특히 손이 그렇다. 손은 재료의 접촉영역들과 그 속성들을, 즉 평탄하거나 거친 정도, 매끄럽거나 무딘 정도, 견고하거나 부드러운 정도, 차갑거나 따뜻한 정도를 탐구한다. › 그림 6 참고

손잡이와 난간은 손으로 완전히 쥘 수 있을 경우 특히 잡기 좋은 것들이다. 부드러운 재료들은 손에 따라 모양이 변하기 때문에 손잡이를 특히 느낌 좋게 만들 수 있다. 따뜻해 보이는 구조부재들은 사람들로 하여금 만져보고 싶게 하며, 난간과 창문 곁의 좌석 같은 요소들의 사용을 부추긴다. › 그림 7 참고

구조부재들 내의 표면온도 및 복사와 반사는 피부를 통해 온도감각에 영향을 준다. 축열량은 적고 복사량이 높은 재료들처럼 몸에 닿는 부재들이 몸의 열을 거의 빼앗지 않는 경우에는 쾌적하면서도 명백히 따뜻한 인상을 준다. 강재와 콘크리트처럼 무거운 건물재료들은 몸에 닿으면 열을 빼앗기 때문에 차가워 보인다.

(3) 온도감각

이 원리는 접촉이 없을 때에도 일어나는데, 사람들이 대기와 인접 표면들 간의 온도차를 인식하기 때문이다. 복사열이 부족하면 차가운 걸로 해석된다. 반면, 태양에 노출된 고체표면들은 나중에 밤이 되어 따뜻해 보일 수 있다.

총 4개의 요인들이 인간의 온도지각에서 중대한 역할을 하는데, 그것들은 공기의 이동속도와 기온, 인접표면들로부터의 복사, 그리고 공기 중의 습도다.

그림 6:
거칠고, 단단하고, 차가운 난간

그림 7:
가죽으로 싸맨 문손잡이

수착(收着, sorption): 흡수(absorption))와 흡착(adsorption))에 의한 물질의 결합상태

실내기후
Indoor climate

이 요인들이 결합하여 공간 내의 기후를 만들어낸다. 습도는 특히 열 쾌적성(thermal comfort)에 영향을 준다. 습도가 오르면 지각되는 온도도 오른다. 수착성(sorptive) 재료들은 습도를 조절할 수 있다. 그런 재료들, 특히 플라스터와 점토, 여타의 견고한 건물재료들이 특별히 쾌적한 실내기후에 기여할 수 있다. 〉그림 8 참고

따라서 축열량이 적은 재료들은 외부온도에 강하게 영향을 받아 건물내부의 온도가 변하는 "오두막집 기후(shack climate)"를 만들어내는데, 특히 극히 덥거나 추운 날씨에서 그렇다. 그것의 역현상은 "성채 기후(castle climate)"인데, 축열량이 많은 무거운 건물재료들이 온도변화의 폭을 줄이고 극한의 외부온도로부터 공간을 차단시켜 안정적인 기후를 만들어내는 데 도움을 주는 경우다.

\\ 참고:
수착(sorption)은 건물재료가 대기에서 습기를 빼앗아 재료 표면상에 저장할 수 있게 한다. 습기는 습도에 따라 흡수되거나 방출된다.

그림 8:
점토 축열벽

(4) 공감각

시각이 우선시되는 가운데, 다른 감각적 경험들은 재료특성들을 구체화하는 데 도움을 준다. 청각과 후각뿐만 아니라 앞서 언급한 감각들도 중요하다. 예를 들어, 모랫길을 따라 걸을 때면 고운 입자의 모래가 만드는 소리 없는 부서짐을 들을 수 있다. 목재의 냄새는 웰빙(well-being)을 연상시킨다. 한 재료가 더 많은 감각들을 다룰수록, 재료나 공간을 통해 전반적으로 만족스러운 경험을 더 빨리 만들어낼 수 있다.

대비
Contrast

설계자들이 의도적으로 지각을 자극하고 향상시키는 방식은 두 가지가 가능하다. 하나는 지각의 경로들을 대비적인 경험들을 통해 제공하는 방식인데, 예를 들어 시각적 효과와 예기치 않은 촉각적 효과를 대비시키는 것이다. 예상했던 감각은 상실되고, 이러한 혼란스러운 감각이 하나의 경험이 된다. 하지만 이런 종류의 비일관성이 일정 수준을 넘어가면 무의식적으로 불편한 느낌이 생겨날 수도 있다.

일치
Agreement

반대로, 재료들은 특정하게 모든 걸 포용하며 조화로운 하나의 전반적인 이미지를 만들 수 있다. 시각적 인상과 다른 지각 수준들 간의 일치와 조화는 물리적인 평안을 만들어낸다. 개별적인 인상들이 서로를 보완하고 결합하면서 전반적으로 하나의 만족스러운 이미지를 형성한다. 그리고서 건축은 동시적 경험에 열려 있는 광범위한 지각들을 통해 그 목적을 달성한다. 하지만 감정적으로 지나치고 궁극적으로 진부한 방향으로 나간다면 이런 이미지도 역시 뒤집어질 수 있다.

1.2 재료 요건

모든 재료는 특수요건의 관점에서 그 기능을 충족해야 한다. 재료의 사용관련 속성들은 건축주와 사용자들을 위한 건물의 효용가치를 결정하므로, 그것들은 이러한 목적을 직접적으로 다룬다. 재료들에 대한 요구는 다음처럼 네 부류로 나눌 수 있다.

_ 쾌적요건

_ 환경적 효과로부터의 보호

_ 기능유지

_ 적은 환경오염

(1) 쾌적요건

재료는 그 표면이 사용자와 직접 접촉하게 되는 지점에서 쾌적요건들을 충족한다. 그런 지점들에는 특히 바닥면과 벽면, 천장 면이 포함되며, 문과 창문처럼 열고 닫는 부분들도 포함된다. 쾌적성을 기술적인 값으로 표현하는 건 오직 제한적으로만 가능하다. 탄성바닥재들의 정전기방지 성능과 같이 개별속성들에 대한 시방이 정량화될 수 있는 경우는 거의 없다. 〉 '기술적 속성' 장 참고 다른 경우, 설계자들은 그들만의 경험과 느낌에 내맡겨진다.

건강을 위한 안전성
Safe for health

〉

어떤 재료에도 부과되는 한 가지 근본적인 요구는 인체의 건강에 위험한 재료여선 안 되고 따라서 위생적이어야 한다는 점이다. 유해한 재료들은 입증되기 전까지는 오랫동안 그 자체로 종종 의심을 받곤 한다.

쾌적한 온도
Comfortable temperature

구조 속에 감춰진 재료들은 종종 건물 내부의 공기와 기후 상의 쾌적한 느낌에 기여한다. 단열성 재료들은 건물의 에너지 손실을 막고 표면과 기온이 쾌적한 수준 아래로 떨어지지 않게 해준다. 축열체는 재료들이 표면온도와 기온을 일치시키고 공기 중의 습기를 포착할 수 있게 함으로써 공간 내부의 온도와 습도를 원활하게 만든다. 벽 상부구조들 속의 방풍밀봉재(wind seal)와 건조방지층들은 불쾌감을 일으킬 수 있는 기류를 줄여주며, 이는 문과 창문 등의 개폐식 요소들에 붙이는 문풍지와 같은 방식이다.

\\ 참고:
기억은 감각적 지각과도 연결되기 때문에, 많은 감각들을 자각하면 오래 가는 기억을 만들 가능성이 높다.

\\ 참고: 위험요소를 제기하는 물질들은 표면코팅과 접착제, 결합제(binder)에서 가장 많이 발견되지만, 탄성피복재나 직물피복재에서도 역시 발견된다. 이에 대해서는 세심히 조사할 것을 권고한다.

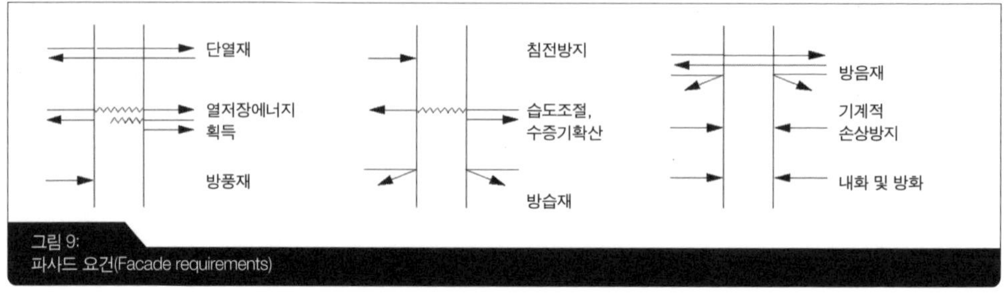

그림 9:
파사드 요건(Facade requirements)

음향 쾌적성
Acoustic comfort

음향 쾌적성은 소음의 침입을 제거함으로써 얻어진다. 공기 중의 소리는 표면에 기공들이 뚫려있는 건물재료들을 통해 최소한으로 유지할 수 있다. 정확한 치수의 흡음표면들 — 탄성 및 미세기공 재료들 — 은 실내의 반향을 줄여주고 말을 더 쉽게 이해할 수 있게 해준다. 건물재료들은 그 매스를 통해 그것을 거치는 구조적인 음향투과를 줄인다. 만약 어떤 건물의 특정한 한 부분을 견고하게 할 수 없다면, 다른 두꺼운 층들과 분리된 구조들이 경량 구조 속의 반향을 줄이는 데 도움이 될 수 있다.

(2) 환경적 영향들로부터의 보호

건물들은 특히 환경적인 영향들로부터 보호될 필요가 있다. 파사드는 내부와 외부의 접촉면으로서 광범위한 조건들을 충족해야 하는데, 이는 건물의 용도와도 관계가 있다. 〉 그림 9 참고

빛과 공기
Light and air

공기 중의 화학물질들(예를 들면, 활성산소나 오존)은 재료의 구조를 공격한다. 이는 더욱 때를 타기 쉽게 하거나 투명성이나 반투명성을 감소시키는 표면 변화로 이어질 수 있다. 따라서 건물 외장재로는 자외선에 저항하는 재료들만 사용해야 한다.

\\ 참고:
우리는 소음(noise)과 소리(sound)를 구분한다. 소음은 대개 부정적인 함의를 담고 있다. 소리는 어떤 사물과 상황들의 특성이다. 그것들이 전하는 정보는 음량과는 별개로 평안한 조건에 긍정적으로 기여한다.

방습
Damp-proofing

악천후에 노출되거나 습한 지역에서 사용되는 재료들은 방습처리를 해야 한다. 재료들 간의 경계와 접합 부위들에 수분을 머금은 층(보수층)을 실은 기능 요소들은 재료특성을 강조하는 데 도움을 줄 수 있는데, 이는 동결방지와 관련이 있다. 습기는 동결할 때 부피가 증가하기 때문에, 습기가 투과하게 되면 재료 내부에 인장력을 일으켜 결국 재료를 파괴할 수 있다. 압력을 일으키거나 지반으로부터 융기하는 수분에 특별한 주의를 기울여야 하는데, 그럴 경우에는 다음부터 재료성능을 최적화하기가 극히 어렵기 때문이다. 예를 들어 조적 벽들에는 수평 방습층을 설치하여 융기하는 수분을 막아야 한다.

열팽창
Thermal expansion

열팽창도 역시 중요하다. 온도에 따라 재료들은 (따뜻할 때) 팽창하거나 (추울 때) 수축한다. 길이방향으로 팽창하기 위한 공간이 충분치 않을 때에는 힘이 축적될 것이다. 다른 경도를 가진 두 재료가 그런 지점들에서 인접해있다면, 보다 부드러운 재료가 불가피하게 손상을 입을 것이다. 따라서 개별 구조부재들 간의 거리는 서로 접촉하지 않을 만큼 충분히 떨어져 간극을 형성해야 한다. 필요한 간극들의 패턴은 설계할 때나 시공할 때, 혹은 규정을 통해 이루어질 수 있다. 간극 자체의 크기는 선택된 재료의 길이와 길이방향 팽창정도로부터 도출된다.

(3) 기능유지

재료들은 단지 실험조건하에서만이 아니라 일상적인 용도에서도 기능들을 충족시켜야 한다. 이런 용도에는 부적절한 용도도 포함된다. 어떤 재료의 가장자리의 내구성이 불충분할 경우에는, 가장자리와 모서리를 보강하여 구조적으로 보조하면서도 설계상의 한 특징으로서 특정한 재료속성들에 주목하게 할 수 있다.

마멸
Abrasion

경도(hardness)와 내마멸성(abrasion resistance), 그리고 하중등급(load class)은 재료의 마찰저항을 정의한다. 특히 바닥은 막대한 수요를 만족시켜야 하는데, 마멸이 증가할수록 광택이 줄어들다가 재료 표면이 심하게 닳게 되기 때문이다. 건물 입구에 커다란 신발 흙털개를 두어 통행영역들을 깨끗하게 유지하는 식의 대책들을 통

\\ 참고:
경도는 마멸에 저항하는 재료특성이다. 마멸은 어떤 재료가 정확하게 정의된 한 하중을 받으며 닳게 되는 정도이며, 하중등급은 마멸거동을 비교하여 재료들을 분류한다.

그림 10:
확장적으로 재활용한 벽돌 벽

그림 11:
목재 파사드에서의 노화

해 성능을 적절하게 개선할 수 있다. 이런 것들은 그 고유의 재료특성을 가질 수 있는데, 금속이나 플라스틱, 혹은 직물 제품이 가능하며, 이어지는 바닥재와 재료를 일치시키는 것도 가능하다.

필요한 유지관리
Maintenance needed

손볼 일과 유지관리가 거의 필요 없는 표면들에 대한 수요는 설계단계에서도 고려해야 한다. 청소는 그 자체로 특정한 한 종류의 수요를 대변하는데, 그것이 표면들에 마멸이나 지속적인 손상을 일으킬 수 있기 때문이다. 굽도리 널(skirting board)들은 벽들이 바닥과 만나는 지점에서 청소를 통해 손상 받지 않게끔 보호한다. 이런 종류의 디테일들이 처음에는 중요하지 보이지 않지만 실제로는 어디에나 존재하며, 건축을 그 재료적인 측면에서 보다 표현적으로 만드는 데에 도움을 준다.

내구성
Durability

재료들은 가능한 한 오래, 그리고 자주 성능을 발휘할 수 있어야 한다. 이런 속성은 기술적으로 내구성이라고 정의된다. 예를 들어 만약 전시관처럼 한 건물의 내용수명(useful life)이 유한한 경우라면, 내구성의 정도를 미리 적절하게 계획할

\\ 참고:
내구성, 혹은 내용수명은 한 건물부재가 사용가능하게 남을 수 있는 기한을 정의한다.

그림 12:
독일 국회의사당에 있는 낙서

그림 13:
영구적인 유리 파사드

수 있다. 그렇지 못할 경우에는 모든 재료들이 가능한 한 내구적이어야 한다. 각각의 재료는 기능적 요구들에 따라 그 고유의 내용수명을 갖는다. 따라서 하나의 기능부재를 대체하기 위해 또 다른 부재까지 해체할 필요가 없어야 한다. 이런 요구조건은 예를 들어 기술 장비와 보호표면, 단열재, 하중지지구조들을 포함하는 벽들 속에서 층화되는 구조들이라는 주제를 제기한다. 〉 그림 10 참고

노화
Ageing

노화과정은 일시성과 부패의 증거이며, 긍정적으로 표현하자면 시간적인 특성과 생애를 보여준다. 마치 사람들처럼, 건물과 그 재료들도 위엄과 더불어 나이를 먹을 수 있다. 일정 시간이 지나면, 거의 모든 재료가 외부영향이든 사용에 의한 것이든 그 동안 겪어온 닳고 찢겨진 흔적들을 보여준다. 이러한 노화는 매우 매력적일 수도 있는 자연스러운 녹청(patina)의 형태를 취할 수 있어서, 이를 의도적으로 일으킬 수 있다. 예를 들면 금속이나 내후성 강판, 혹은 동판 위에서 산화가 이루어지면서 한 층의 녹청을 만들어내는 것이다.

노화는 낙엽송을 파사드 외장재로 쓸 때 분명하게 드러나는데, 이 재료는 본래 적색이었다가 풍화에 반응하고 자외선 복사의 효과를 거치면서 회색으로 변한다. 자외선 복사는 목재 내부의 천연색소들을 분쇄하는데, 보호처리를 한 영역에 있는 색소들은 보다 오래 살아남는다. 〉 그림 11 참고 처음에 특히 혁신적으로 여겨졌던 재료들이 급격히 나이를 먹고 노화의 징후들이 나타나면서 미적인 매력이 줄어들 수 있다. 그리고서 그것들은 금세 더 이상 새것처럼 보이지 않게 된다. 노화

과정과 사용의 흔적들을 수용할 경우, 이는 그 재료를 모형화하기도 한다. 그런 흔적들을 보유함으로써 먼 과거를 이야기할 수 있다. 〉그림 12 참고 유리나 광택석재와 같은 일부 재료들에는 가시적인 노화의 징후들이 나타나지 않는다. 그런 재료들에는 시간이 흔적을 남기지 않고 지나가는 것처럼 보인다. 〉그림 13 참고

(4) 적은 환경오염

건설은 매우 높은 비율의 자원들을 사용하고 가장 많은 폐기물을 만들어낸다. 따라서 계획과정에서 이루어지는 결정들은 상당한 환경적 결과들을 낳는다. 한 건물의 생애주기 동안 생기는 높은 생태적 영향들은 추가적인 지출과 맞먹는다. 이런 이유에서라도, 재료 선택 시에 환경오염을 더욱 면밀히 살펴보는 것은 적잖은 의미가 있다.

엔트로피
Entropy

예를 들어, 알루미늄을 사용하면 알루미늄원광(보크사이트)을 처리하는 데에 상당량의 에너지와 물이 소비된다. 이는 물과 궁극적으로 먹이순환 속에 중금속이 더 많음을 의미한다. 이것은 엔트로피로 알려진 물질흐름의 과정을 촉발한다. 그 목적은 언제나 엔트로피를 줄이기 위해 물질의 흐름을 최소화하는 것이어야 한다.

재료순환
Material cycle

재료를 사용하는 이상적인 방식은 하나의 폐쇄적인 물질순환을 따르는, 즉 쓰레기가 이차적인 원재료가 될 수 있게 하는 방식이다. 재활용의 특성은 그것의 생태적 가치에, 그리고 본래의 물질과 에너지를 재료 내에 저장하여 보유하는 데에 매우 중요하다. 우리는 재사용(reuse)(재료의 반복사용)과 타용도사용(alternate use)(쓰레기에서 기초 화학물질을 복원하는 것), 확대사용(extended use)(처리된 쓰레기를 새로운 목적으로 사용하는 것)을 구분한다. 또한 가치하락활용(downcycling)(재료특성이 하락하는 재료순환)과 재활용(recycling)(재료특성이 똑같이 유지되는 재료순환) 간의 구분도 있다.

생애주기평가
Life-cycle assessment

생애주기평가는 환경기술의 관점에서 건물재료들을 평가하는 하나의 총체

\\ 참고:
엔트로피는 물질과 에너지 흐름들의 혼합을, 세계 속에서 이루어지는 무질서의 증가를 효과적으로 파악한다. (지구처럼) 폐쇄된 체계에서 엔트로피는 절대 줄어들지 않고 언제나 최대를 향해 나아간다.

적인 방법이다. 다양한 유해성 재료들에 대해 영향범주들 속에서 가중치를 매김으로써, 재료들마다 하나의 특성 값이 할당될 수 있게 하고 그 단위는 가장 중요한 유해성 물질을 파악한다. 핵심적인 영향범주들은 일차에너지내용(primary energy content)과 온실효과(greenhouse effect), 그리고 오존고갈가능성(ozone depletion potential)이다. 〉표 1

재료선택과는 독립적으로, 일반적으로 다음사항은 사실이다.

_ 구조적인 기본이 되는 것들로 줄이는 게 유리할 수 있다.
_ 내구적이고 가벼운 구조들은 일반적으로 육중한 구조들보다 선호된다.
_ 이산화탄소 함유 재료들을 활용하는 건 긍정적 요인이다.
_ 보이지 않는 건물요소들은 특히 문제가 없는 최적화에 적합하다.
_ 건물을 더 오래 사용하려 할수록, 이런 사용단계를 고려하는 일은 더욱 중요하다.
_ 내용수명이 짧은 건물요소들은 재생비용이 더욱 급격히 축적되기 때문에 환경적으로 더 큰 오염요인이다.
_ 주택구조에서는 건물재료들이 작은 단편들로 사용되고 마감수준이 높기 때문에 재료들이 일으키는 환경적 영향이 특히 중요하다.

건물재료의 생태적 기준들은 점차 하나의 요인이 되어가고 있다. 그 기준들은 계획과정을 방해하는 게 아니라 사실 풍부하게 하며, 새로운 질문을 하고 대안을 제시함으로써 부가적인 창의성을 낳을 수 있다. 예를 들어 눈에 띄는 위치에 재료들을 재사용할 경우 〉그림 10 참고 그것들은 지속가능한 접근법의 증거로 볼 수 있으며, 건물재료들에 대한 의미 있는 면을 부가적으로 만들어낸다.

표 1:
생애주기평가에서 선정하는 영향범주들

건물 생애주기평가의 특성 값	약자	단위
일차에너지함량(재생불가능)	PEI	MJ
일차에너지함량(재생가능)	PEI	MJ
온실효과 가능성	GWP 100	kg CO_2 eq
오존고갈 가능성	ODP	kg CCL_3 F eq
산성화 가능성	AP	kg SO_2 eq
부영영화 가능성	EP	kg PO_4^{3-} eq
광산화물질 형성 ("여름철 스모그 가능성")	POCP	kg C_2H_4 eq

1.3 기술적 속성

기술적 속성은 재료선택에서 핵심을 이루는 기준이다. 특정한 재료의 선택은 오로지 그 재료의 기술적 성능을 고려해야만, 말하자면 그것의 "내적 가치들"인 물리적, 역학적, 화학적 요인들에 기초할 때에만 가능하다.

물리적 속성
Physical properties

기본적인 물리적 시방들은 모든 건물재료들에 대해 가능하다. 총 밀도는 축열성이나 열전도성과 같은 다른 속성들을 연역할 수 있게 함으로써 한 재료의 기초적이고 전반적인 기술적 인상을 전해주는 핵심가치다.

역학적 속성
Mechanical properties

역학적 속성들은 한 시공재료의 잠재적인 사용에 특정한 제약들을 부과한다. 그런 속성들로는 재료의 강도(strength)와 강성(rigidity), 탄성왜곡이나 소성왜곡 시에 재료에 작용하는 힘들에 대한 반응, 그리고 표면경도가 포함된다. 역학적 속성들은 많은 면에서 열역학적 속성들과 습기 관련 속성들(예: 천연석재의 동결저항성)과 연관된다. 천연석재의 한 중요한 역학적 특성은 역학적 마찰에 저항할 수 있는 정도인 내마멸성이다. 이와 상관이 있는 건 높은 밀도와 높은 압축강도이며, 이것들은 또 다시 낮은 흡수계수를 위한 기초가 된다. 흡수계수는 동결저항을 위한 하나의 핵심적인 특징이며, 석재의 다공성과 모세관현상에 의해 결정된다. 예를 들어 사암의 경우 흡수계수가 높은 값을 갖는 건 그 석재에 물이 통과되지 못하도록 보호해야 함을 뜻한다. 가장 중요한 특성들은 표 2에 요약되어 있다. › 표 2 참고

화학적 속성
Chemical properties

한 건물재료의 화학적 거동은 화학물질이나 환경적 영향들과의 직접적인 접촉을 통해 변화할 수 있다. 그런 영향들로는 (특히 금속의) 부식, (광물결합재와 도자기질에서의) 염분 침출, (플라스틱을 포함한 재료들의) 자외선 저항, (접착제, 매스틱 등의) 기타 건물재료들에 대한 반응들이 포함된다.

재료선택 시의 질문들
Questions in choosing material

재료선택 시의 핵심질문들은 주로 의도하는 효과와 대략적인 요구조건들로부터 생겨난다.

\\ 참고:
모스경도(Mohs hardness scale)는 재료들을 다른 재료를 긁을 수 있는 정도에 따라 그룹지어 관계적으로 배치시킨다. 이 척도는 1(운모)부터 10(다이아몬드)에까지 이른다.

\\ 참고:
수증기확산 저항치(vapor diffusion resistance value)는 동일 두께의 공기층에 비해 수증기에 대한 저항성이 얼마나 더 큰가를 파악한다.

표 2:
Important properties with units

속성	특성	기호	단위
물리적 속성	총 밀도	ρ	kg/m^3
	열전도성	λ	W/mK
	비열용량	c	J/kgK
	축열량	S	-
역학적 속성	모스경도	HM	Wh/ m^{2}K
	압축강도	f_c	N/mm^2
	인장강도	f_t	N/mm^2
	열역학적 속성	E	N/ mm^2
탄성계수	열팽창계수	α	1/K
습기 관련 속성	수증기확산 저항치	m	-
	수분흡수계수	ω	kg/m^2 h$^{0.5}$

_ 인간의 어떤 감각을 자극해야 하고, 사람들은 어떻게 재료를 지각할 것인가?
_ 의도된 기능은 그 재료의 사용과 관련하여 어떤 자연스러운 영향들을 미칠 것인가?

이런 질문들은 특수한 재료특성들의 관점에서 대답할 수 있고, 이는 대개 소수의 기술적 속성들로 환원될 수 있다. 역으로 재료의 속성들은 새롭고 혁신적이며 일부는 놀랍기도 한 활용과 응용을 폭넓게 다양한 수준으로 일으킬 수 있다.

2. 재료의 분류

일부 선택된 건물재료들의 속성에 대해 이제부터 더 자세한 설명이 이루어진다. 일단 어떤 특정한 목적으로 한 재료의 핵심적인 특성들을 확립하고 나면, 재료들을 서로 비교할 수 있게 된다. 첫 번째 단계는 재료들을 유사한 속성 프로필들을 가진 집단들로 분류하는 일이다. 이 작업은 비교의 어려움을 상당히 줄여주고, 재료들의 집합이나 하나의 특정재료로부터 기대되는 재료의 성능에 대한 설계자의 안목을 예리하게 다듬어준다.

2.1 건물재료의 유형분류

재료들의 대안들을 찾고 있다면, 처음의 너무도 다양한 재료들과 특성들을 유형에 따라 구조화하는 게 합리적이다. 재료들은 그 구성과 구조, 제조방식에 따라 구분된다. 이러한 분류는 재료선택과정의 속도를 높여주고 흥미로운 대안들의 발견을 촉진할 수 있다.

재료구성에 기초한 유형분류
Typology based on material composition

재료구성에서 우리는 먼저 유기질 재료와 무기질 재료를 구분한다. 〉표 3 참고

단단한 부재들에는 언제나 광물재료들이 일차적으로 활용되며, 금속부재들은 그 높은 성능으로 인해 평탄한 부재나 막대형 부재에 활용된다.

비균질적인 건물재료
Non-homogeneous building materials

하지만 이런 결합은 오로지 균질적인 건물재료들에 대해서만 작용한다. 복합재료들을 사용할 경우, 개별부재들은 종종 하나의 구조요소 속에서 다른 기능

표 3:
재료구성에 따라 분류한 건물재료들

	무기질 재료		
	광물재료	금속재료	유기질 재료
선정재료	천연석재	금속류	목재
	콘크리트		역청
	유리		플라스틱
	벽돌		
속성			
- 밀도	평균	높음	낮음
- 강도	깨지기 쉬움, 높은 압축강도, 낮은 인장강도	튼튼함. 높은 압축강도와 인장강도	튼튼함. 내부구조에 의존함
- 열전도성	평균	높음	낮음
- 연소성	연소불가능	연소불가능	대개 연소가능

\\ 중요:

재료들과 그 속성들은 하나의 속성 프로필을 제시한다. 이런 속성들이 하나의 구조 속에서 총체적으로 결합되어 사용될 경우, 우리는 그것들이 올바르게 사용되었다고 말할 수 있다.

들을 담당하게 된다. 콘크리트 바닥은 이것의 좋은 예다. 비록 그 표면은 균질적인 석재처럼 보이지만, 그것이 포함하는 구조용 강재는 인장력을 흡수한다. 다양한 부재들로 이루어진 구조단면들은 개별 부재들의 속성과 특성들 사이에 벌어지는 복잡한 상호작용의 영향을 받는다. 예를 들어, 콘크리트의 특정 pH는 강재의 부식을 막는다. 반대로 그 강재는 콘크리트 바닥의 처짐을 방지함으로써 균열의 형성을 피한다. 따라서 재료들이 협업하기 시작해야만 재료들의 올바른 용도가 완전히 입증되고 모든 단일부재가 그 전체에 최대한의 기여를 하게 되는 것이다.

속성들을 체계적으로 최적화하기 위한 이러한 철학은 점차 실무에 적용되고 있다. 예를 들어, 유리는 언제부턴가 단일재료가 아닌 광범위한 속성과 표면처리, 층간 순서들이 가능한 재료들이 이루는 하나의 전체적인 집합으로서 기능과 설계의 무한한 가능성을 열어주게 되었다. 뛰어나고 혁신적인 건축의 성취들이 이제는 재료들과 친숙한 표면들 간의 상호작용을 통상적인 기반으로 하고 있다.

표 4:
건물재료들의 구조적 분류

	무형재료	결정성재료	섬유재료
선정재료	유리	금속류	목재
	플라스틱	점토	
	역청	벽돌	
속성			
- 방향	무방향성	대개 무방향성	방향성
- 열전도성	결정성재료들보다 낮음	무형재료들보다 높음	낮음
- 강도	결정성재료들보다 강함	무형재료들보다 약함	결 방향으로 인장강도가 높음

그림 14:
목조 하중지지구조

그림 15:
다양한 목제품들

구조적 구성에 기초한 유형분류
Typology based on structural composition

재료들을 분류하는 또 하나의 방식은 재료의 구조적 구성에 기초하는 방식이다. 〉 표 4 참고

목재처럼 섬유요소들로 이루어진 구조는 설계에 강력한 기여를 할 수 있다. 예를 들어 그것들은 일정한 하중지지 수준, 혹은 휨에 의한 복잡한 하중지지체계를 형성할 수 있다. 〉 그림 14 참고

생산에 기초한 유형분류
Typology based on production

또 다른 재료분류방식은 재료가 어떻게 획득 혹은 생산되는가에 기초하는 방식인데, 첫 번째의 하위구분은 천연재료와 인공재료로 나뉜다. 두 번째 수준에서는 무형재료와 중간적인 유형재료, 반(半)-마감수준의 제품들로 구분된다. 한 재료가 획득되는 방식도 하나의 요인인데, 천연재료는 언제나 빼내는 과정(subtractive process)을 통해 생산되는 반면, 인공재료에는 덧붙이는 과정(additive process)과 모양만을 형성하는 과정이 적용될 수 있다. 〉 표 5 참고

표 5:
생산에 따라 분류한 재료들

	천연재료	인공재료
획득방식	추출과정	원물질의 생산
생산	원료 무형재료	가공재료 중간재료 유형재료
과정	빼내기	빼내기 덧붙이기 모양형성

치수에 기초한 유형분류
Typology based on dimensions

마지막으로 건물 재료들은 서로 치수가 다르다. 충진재(filler)는 종속수준이 낮으며 구조외피가 필요하다. 소형 재료들은 효과적인 구조요소를 형성하기 위해 결합시킬 필요가 있다. 이는 각 재료의 치수에 기초한 심화가공을 통해 이루어진다. 반복과 접합은 재료들 자체의 미학을 만들어낸다. 반면 대형 재료들은 전단벽과 같은 구조부재일 수가 있다. 이런 재료들은 구조적이고 기능적인 수준에서 건물 격자와 파사드 설계의 측면들을 반영해야 한다.

재료들의 유형분류는 재료들의 사용방식과 작업가능한도, 건축적 가능성에 대한 정보를 제공할 수 있다. 따라서 천연재료의 경우 기존의 치수들이 필수적인 사용기준이 될 수도 있고, 아니면 그 재료들을 얻어내는 데 쓰인 방법이 결과적인 재료 속에서 드러나게끔 의도적으로 흔적을 남길 수도 있다. 〉 그림 15 참고

천연재료가 보다 정교하게 가공될수록 그것의 천연적인 외관은 더욱 손실된다. 제조과정과 이후 작업의 효과들은 더욱 명료하게 두드러지고, 재료 내의 천연적인 변화들은 점차 눈에 띄지 않는 배경이 되어간다. 건축에서 산업생산의 활용은 한 과정의 끊임없이 변하는 기술적 경계들을 완전히 새로운 방식으로 탐구하는 데까지 나아갈 수 있다. 〉 그림 16 참고

이런 식으로 모든 재료와 그 성능적인 특성들은 공간의 설계방식에 기여한다. 재료들이 다양하고 그것들을 전개할 수 있는 방식들이 다양하다는 것은 인간의 모든 감각에 호소하는 꽤 특수한 재료특성과 영향을 건축에 제공할 수 있는 거의 무한한 가능성들을 열어준다. 이런 가능성과 잠재력을 평가하기 위한 예로서 가장 중요한 건물재료들을 이제부터 평가해볼 텐데, 재료사양의 측면에서도 서로 비교를 해보겠다.

그림 16:
혁신적인 재료사용

표 6:
재료사양

재료	속성	용도
목재 (33쪽 참조)	작업하기 쉬운 천연적인 방향성 건물재료. 결 방향으로 인장 및 압축 강도가 높고, 하중과 열전도성은 낮음. 침엽수와 떡갈나무의 결은 자연스럽고, 강하며, 거친 반면, 단풍나무와 너도밤나무, 자작나무의 결은 조밀함.	방향성 구조는 단열기능을 제공하기도 하는 내력구조와 내력층, 여러 개의 판자와 싱글을 겹쳐 만드는 파사드 외장재와 고품질 가구 및 손잡이 용도에 적합함.
목제품 (36쪽 참조)	목재로 제작되어 목재의 속성들을 공유함. 방향성 구조는 패널 생산 시에 필요한 만큼 재조직됨. 목재 폐기물을 활용하여 저렴한 가격에 생산됨.	방향성 패널 혹은 보들은 내력구조나 보강재에 사용됨. 비방향성 목제품들은 가구와 붙박이식 유닛, 외장재, 단열재에 사용됨.
천연석재 (39쪽 참조)	원점을 따라 층화되거나 균일한 구조를 갖춘 천연 무기질 건물재료. 밀도와 경도, 압축강도, 열전도성, 열저장능력이 높음. 정교한 추출과 가공을 통해 특별한 재료효과를 만들어냄.	석재의 압축강도는 내력 조저조에 활용됨. 슬래브들은 대부분의 속성들을 활용하는 데에 충분함. 이는 파사드나 바닥재처럼 하부구조로 지지되는 표면설계를 생산함.
콘크리트 (42쪽 참조)	일종의 액체로 이루어지는 석재와 같아서, 천연석재와 유사한 속성들을 공유함. 첨가제가 속성을 변화시킬 수 있음. 콘크리트는 작업 후 부피가 줄어들며, 이차적인 내력체계가 필요함.	압력을 받는 셸 내력구조. 강재나 기타 재료들과 함께 사용할 때만 인장력을 흡수할 수 있음. 그럴 경우에는 자유 형상 및 내력 구조들에 적합함.
프리패브 광물성 유닛 (45쪽 참조)	천연석재와 유사한 속성을 가짐. 총 밀도와 열전도성은 대개 낮음. 생산 시에 수축은 거의 없으며, 이는 치수안정성이 높음을 의미함.	단일체적인 효과를 위해 줄눈비율이 낮은 조적구조. 열전도성이 낮을 경우 단일-셸 사용가능. 바닥재용 시트형식에도 사용가능.
광물성 슬래브 (48쪽 참조)	프리패브 광물성 유닛과 유사한 속성을 가짐. 대개 강도향상과 중량감소를 위해 재료들을 혼합한 비균질적 구조(예: 철근보강이나 피복)	벽과 수직구조를 위한 외장재. 또한 파사드 외장재로서 시멘트 접합됨. 방음과 방화를 위한 기능성 재료.
스크리드 / 재질표현 (51쪽 참조)	결합제에 따라, 고강도에 수밀성, 높은 표면경도를 갖기도, 저강도에 습기와 수증기가 침투되기도 함. 프리패브 광물성 유닛과 유사한 속성을 가짐. 첨가제가 탄성을 제공함.	동결방지, 방습 및 방화를 위한 기능적인 보호층. 압력분산 바닥 슬래브로서의 스크리드, 다양한 재질을 활용한 벽/천장 피복재 표현.

재료	속성	용도
도자기질 / 벽돌 (54쪽 참조)	강도와 경도, 열전도성이 높은 무기질 재료. 이런 속성들은 첨가제와 모양내기를 통해 감소할 수 있음. 모세관현상은 질그릇의 경우 강하고, 소결제품의 경우 약함. 생산관련 치수오차는 높음.	벽돌은 팔분척도 체계(octametric system)의 조적구조에 사용되며, 열전도성이 낮을 경우 단일-셀 형태로도 사용됨. 파사드 외장재와 바닥재용으로 시트 형태로 사용가능.
금속 (57쪽 참조)	밀도와 압축 및 인장 강도가 높은 광택성 탄성재료. 부식이 일어나면 일부 금속의 표면상에는 내구적인 보호코팅이 형성됨. 폭넓게 다양한 모양이 가능함.	내력구조나 콘크리트의 철근보강을 위한 정역학적으로 최적화된 철근들. 특히 외장을 위한 피복용의 얇은 시트와 패널들. 프리패브 부재들(예: 베어링, 손잡이, 배관)
유리 (62쪽 참조)	총 밀도와 압축강도, 경도가 높고 깨지기 쉬우며 투명한 무형 재료. 하중지지능력은 표면장력에 따라 다름. 열전도성은 평균적이며, 표면 코팅 시에 감소함.	투명한 파사드와 창. 반사표면을 응용할 경우, 폭넓게 다양한 표면마감을 통해 빛 투과성을 줄이거나 한쪽 면으로만 빛을 받을 수 있음.
플라스틱 (66쪽 참조)	대개 반투명하고 밀도가 높은 유기질 재료로, 열전도성과 총 밀도는 낮음. 탄성이 있고, 인장강도와 온도팽창성이 높음. 혼합이나 합성을 통해 거의 모든 속성을 만들어낼 수 있음.	고강도 합성섬유 단편들에서부터 내부마감재 및 파사드 패널, 밀봉용 띠나 멤브레인까지 보편적으로 사용되는 재료. 기능성 재료들(예: 코팅재료나 접착제).
섬유와 멤브레인 (69쪽 참조)	열전도성이 낮은 부드러운 재료들로, 인장력에만 적절히 대응함. 2차원적 구조이며, 3차원적 구조는 펠트제품만 가능. 코팅을 통해 방수됨.	연장가능한 재료로서 방풍재에 적절함. 주택 바닥 및 벽 피복재, 이동식 격실 파티션, 좌석 및 손잡이용 피복재, 부재들의 음향분리용 펠트.

그림 17:
다양한 종류의 목조 거푸집

2.2 목재

목재는 재생 가능한 건물재료로서 거의 보편적으로 활용이 가능하다. 목재는 다양한 방식으로 사용할 수 있고 가격도 합리적이다. 작업하기가 쉽고, 목재의 수종에 따라 개별적인 향이 있다. 목조 표면들은 천연적인 색상과 재질이 있고, 더 어두워질 수도, 더 밝아질 수도 있다. 목재는 몸에 닿았을 때 체온을 거의 떨어뜨리지 않기 때문에, 쾌적하고 감각적이며 따뜻하게 경험된다.

구조와 속성
Structure and properties

목재는 그 세포구조로 인해 섬유구조나 결 구조를 가지며, 중량은 낮고 강도는 높다. 섬유들은 나무줄기 속에 길이방향으로 놓이기 때문에, 이러한 결 방향으로는 그 수직방향에 비해 인장과 압축, 휨 하중을 더 많이 흡수할 수 있다. 따라서 그 나무 자체가 중량과 풍하중을 받았던 것과 같은 방식으로 목재에 하중을 주는 게 가장 좋다. 〉그림 18 참고 동시에 목재는 열전도성이 높은 반면 열저장능력은 높다. 또한 이산화탄소 저장능력은 높고, 재료의 재활용 측면에서도 뛰어나다.

팽창과 수축
Swelling and shrinking

목재는 온도가 오를 때 팽창할 뿐만 아니라, 습기에 따라 팽창하고 수축하기도 한다. 목재는 습도수준이 높을 때 세포 내에 수분을 저장하고, 습도가 낮을 때에는 수분을 방출한다. 이러한 목재의 거동을 계획과 가공 시에 고려해야 한다. 목재가 건조하면 수축균열이 일어날 수 있지만, 이런 균열들은 정역학적인 하중 지지속성에 거의 효과를 주지 않는다. 〉그림 18 참고

\\ 참고:
목재는 플라스틱과 매우 유사한 유기적 구성을 갖는데(66쪽 참고), 이는 목조 패널 제작 시에 활용되는 섬유구조나 결이다(36쪽 참고). 그것은 시공을 목적으로 할 경우 금속과 매우 유사하게 활용될 수 있다(57쪽 참고).

\\ 중요:
많은 목재 유형들은 송진(resin)과 기타 천연물질들을 함유하고 있어 해충에 특히 강하며, 따라서 실외용도에 매우 적합하다. 이런 유형에는 중유럽 목재 수종인 떡갈나무(oak)와 낙엽송이 있다.

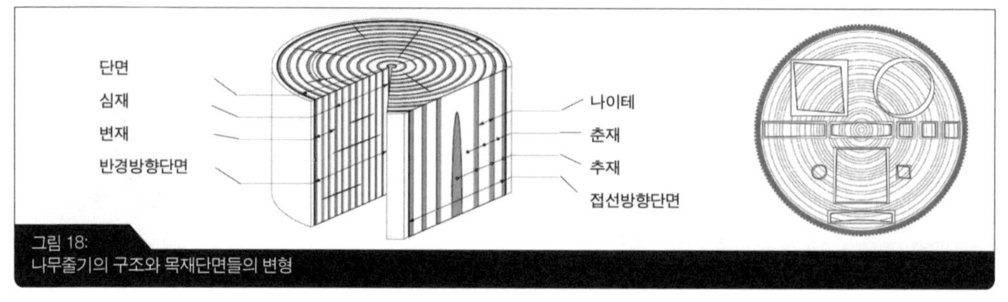

그림 18:
나무줄기의 구조와 목재단면들의 변형

목재 수종
Timber species

목재의 속성들은 수종에 따라 상당히 달라지지만, 가지의 위치와 목재 속의 나이테에서 나타나는 성장요인들에 따라서도 달라진다. 기본적인 분류는 침엽수냐 낙엽수냐다. 침엽수(conifer)는 진화사적 관점에서 오래된 집단에 속하며 보다 단순한 세포유형 구조를 갖고 있고 매우 유사한 속성들(예: 총 밀도)을 공유한다. 가문비나무, 소나무, 전나무 등의 침엽수들은 보다 빨리 자라고, 나이테가 대개 뚜렷하게 표시되며, 압축 및 인장 하중에 대한 적합성이 떨어진다. 낙엽성(deciduous tree) 목재는 수종에 따라 세포구조가 더 특수화되어 있다. 원산지 낙엽수종(떡갈나무, 너도밤나무, 단풍나무)은 침엽수보다 치밀하고 강하다. 낙엽수들은 그을음 유제*(tanning agent)가 침전된 죽은 세포들로 이루어진 다른 색의 심재를 만들어낼 수 있다. 그것들은 매우 다양한 재질과 색상을 제공하며, 이는 다양한 기술적 속성과 용도들을 가능케 한다.

*햇볕에 의한 그을림을 도와 나무껍질을 부드럽게 하는 물질

목재 보호
Timber protection

목재는 정확하게만 사용한다면 내구성이 아주 좋다. 실외에서 사용할 때는 풍화와 해충, 부패에 취약하다. 낙엽수의 그을음 유제나 침엽수의 송진이 천연적인 보호막을 제공할 수 있다. 구조용 목재를 보호한다는 것은 목재의 내구성을 높이기 위해 환경적인 효과들을 제한한다는 뜻이다. 파사드를 보호하는 법으로는 돌출지붕과 더불어, 특히 흡수가 많은 목재 외부표면을 위한 구조적 보호 장치, 물의 튐을 막는 장치, 모서리에서 떨어지면서 나타날 수 있는 모든 습기를 걸러내는 드레인 장치를 활용할 수 있다. 화학적인 목재 보호법으로는 표면에 방충제를 바르거나, 압력을 가해 주입액을 목재섬유들 속에 강제 투입하거나, 목재를 가열처리하는 방법이 가능하다.

구조용 원목
Solid wood for construction

목재산업에서는 이러한 천연 건물재료의 이질성을 다루기 위해 목재를 품질에 따라 분류한다. 집성목(laminated timber)은 개별 목재부품들에 일어날 성장으로 인한 모든 손상요인을 없앨 수 있게끔 목재를 접착시켜 생산된다.

목구조(timber frame)의 오랜 전통은 다수의 시공법과 목구조들로 이어져왔다.

목재를 내력구조에 사용할 경우, 대부분 띠나 판재, 널빤지 형태인 목제품들의 치수는 하나의 골조 시공법(예: 트러스 및 목구조 시공법)을 제시한다. 하지만 판재나 통나무를 사용하는 평판 및 원목 시공법들을 선택할 수도 있는데, 이런 방법들에는 그 목재의 양호한 단열 및 보온 속성들도 활용된다. 〉 그림 19 참고

보드와 싱글
Boards and shingles

스케일 패턴을 달리 하면서 보드와 싱글을 중첩시키거나 제혀쪽매들을 통해 조립하면서 평탄한 영역들을 형성할 수 있다. 목재 싱글들은 여러 층위에서 조립되며, 극히 내구적이다. 〉 그림 17 왼쪽/가운데 참고 보드나 싱글에는 거친 톱질이나 대패질, 혹은 샌드페이퍼 갈기를 활용할 수 있다. 야외의 미끄럼방지 표면들을 의도한 구조들의 목재표면에는 굴곡이 져있다. 쪽매세공을 활용할 경우, 여러 방향으로 유닛들을 배치함으로써 결이나 심지어 그림까지도 만들 수 있다. 목조 루버처럼 이런 결이나 그림도 다양한 색상효과들을 나타내는데, 빛이 투사각도에 따라 다양한 각도에서 굴절됨으로써 한 격실의 생생한 특성을 만드는 데 기여하기 때문이다. 〉 그림 17 오른쪽

베니어판
veneers

목재는 사람들에게 특정한 영향을 주는데, 단지 원목구조를 통한 영향만이 아니다. 합리적인 가격의 목제품들에 적용되는 얇은 표면의 베니어판들은 유사한 효과를 갖는다. 이는 진귀한 고품질 목재를 다양한 방식으로 사용할 수 있으며, 절단방식을 통해 특정한 재질들을 얻을 수 있음을 의미한다. 〉 그림 19 참고 톱질로 켜낸 베니어판(sawn and sliced veneer)들은 특히 고품질의 표면을 만들어내고, 옹이와 결이 강조된다. 얇게 벗겨낸 베니어판(peeled veneer)들은 무한하게 겹쳐 사용할 수 있으며, 내마멸성 목제품과 무늬목(decorative veneer)에 모두 사용할 수 있다. 하지만 베니어판

그림 19:
적층된 목구조

그림 20:
큰 넓이의 목조 거푸집

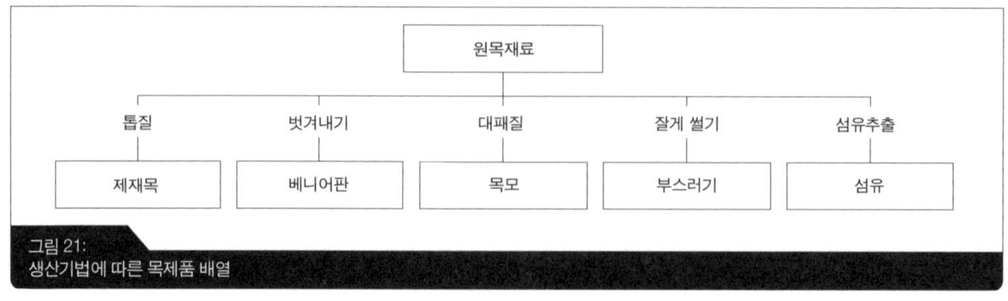

그림 21:
생산기법에 따른 목제품 배열

을 눈에 띄게 할 때는 자작나무나 물푸레나무, 혹은 단풍나무처럼 어둡고 명암대비가 적은 재질의 목재 수종들만 사용하는데, 그렇지 않을 경우 부자연스러운 결 패턴이 일어날 수 있기 때문이다.

2.3 목제품

목재나 목재 부스러기들을 잘게 해 크기를 줄여 목제품들을 만들고, 결합제를 사용하거나 사용하지 않은 채 짜 맞추어 새로운 재료를 생산한다. 〉그림 21 참고

목재의 섬유구조는 재조직된다. 이는 산업적인 제조가 가능하고 작업이 쉬운 안정적인 모양의 평판재료들을 생산할 수 있게 해준다. 그런 재료들은 천연목재와 유사해보일 수도 있고, 독특한 효과를 만들어낼 수도 있다.

목제품들은 베니어판 등, 섬유 제품들로 하위 구분할 수 있다. 〉그림 22 참고

생산과 속성
Production and properties

여기서 목재의 천연적인 속성들은 배경으로 이동하는데, 물론 해당 제품에 따라 다소 시각적으로 존속되긴 한다. 그런 속성들은 제조 시에 사용되는 압력과 목재요소 및 경화된 결합제의 강도에 기인한다. 목재요소들이 서로와의 관계 속에서 갖는 위치가 가능한 용도들을 정의한다. 구조물이 보다 방향성 있게 만들어질수록, 그 제품은 내력요건을 갖춘 구조품목들에 더 적합해진다. 총 밀도는 강도의 증가에 비례하여 (최대 1200kg/m³까지) 늘어난다. 목재요소들의 크기가 작아질수록 전체구조의 방향성은 더욱 적어진다. 말하자면 베니어 단판 층들로 겹겹

\\ 참고:
목제품들은 구성이 유기적이고 구조는 섬유로 이루어지며, 생산과 활용 면에서는 광물결합패널들과 유사하다. 〉48쪽 참고

\\ 참고:
결합제들은 목제품 제조 시 방출되는 증기의 원인물질이다. 이런 물질들에는 독성물질이 들어있을 수도 있다. 〉 '재료 요건' 장의 '건강을 위한 안정성' 참고

그림 22:
베니어 건물합판, 칩보드, 섬유보드의 표면과 단부

이 이루어진 한 장의 시트는 개별 층마다 직각을 이루며 겹쳐지기 때문에 2개 축 구조를 갖는 반면, 한 장의 섬유보드 시트는 그 시트 면만을 제외하면 방향성이 없다. 강도뿐만 아니라 양호한 단열속성들도 활용할 수 있다. 섬유보드 시트들에 대한 가장 낮은 총 밀도는 약 50kg/㎥ 쯤에 있다.

표면
Surfaces

목재와는 반대로, 목제품들의 표면과 내부구조는 다양하다. 베니어 제품들에는 고품질 표면층들이 선택되고, 이는 고르고 보다 원목적인 시각효과를 생산하는 데 도움을 준다. 칩보드 제품들에는 표면에 보다 작은 부스러기 재료들이 사용되는데, 적층을 위한 고른 면을 만들기 위해 보다 고도로 압축된다. 이러한 표면 및 내부구조 차이는 목제품들의 단부에서 확인할 수 있다.

적층
Lamination

목제품들은 고품질 베니어판들이나 기타 표면들, 특히 플라스틱 기판상의 표면들을 위한 합리적인 가격의 지지재로도 역할을 한다. 가치 있는 천연목재 베니어판들과 천연목재 모조품들(예: 적층바닥)을 가르는 차이는 점점 더 불분명해져가고 있다. 목재 자체가 그렇듯이 목제품들 역시 습기함량에 따라 팽창하고 수축하는데, 즉 그러한 "움직임"으로 인해 한쪽 면의 적층이 재료 내부에 장력을 발생시켜 나중에 그 제품이나 표면에 손상을 일으키곤 한다. 따라서 적절한 표면은 결코 제품의 한쪽 면에만 적용되지 않으며, 언제나 양쪽 면에 적용된다. 일어나는 모든 장력은 반대인력(counter-tension)과 균형을 이룬다.

가능한 용도
Possible uses

목제품들이 사용되는 영역은 구조엔지니어링에서부터 외장과 붙박이 유닛, 디자이너 오브제까지, 그리고 실내와 야외를 아우른다. 파사드에 사용할 경우 구조용 목재 보호는 재료의 내구성을 위해 특별히 중요한데, 내후적인 측면, 예를 들어 물끊기(drip edge)의 역할로서 중요하다.

구조적 용도
Structural uses

재료의 큰 강도는 구조적 용도를 위한 핵심요인이다. 여기서 형식화가능성이 결합된 정역학적 하중등급은 그것에 작용하는 힘들과의 관계 속에서 상당한 창조적 가능성을 제공한다.

외장
Cladding

시트의 치수들이 제한되어있다는 건 외장 시에 줄눈(joint)들이 필요하다는 뜻이다. 시트들은 제혀쪽매로 이을 수도 있고, 중첩할 수도 있으며, 아니면 하나의 간단한 수직줄눈을 사용할 수도 있다. 목제품들이 팽창하고 수축한다는 사실을 고려해야 한다. 건물에서 익숙하게 발견되는 삐걱거림은 목재에서 아주 전형적으로 나타나는데, 그 원인은 잘못된 줄눈시공에 있다. 수축과 온도팽창으로부터 일어나는 인장력들이 "해방되고" 있기 때문이다.

목제품들을 위한 죔쇠(나사, 못, 클립)들도 역시 상세한 표면설계를 위한 기회를 제공한다. 그런 죔쇠들의 재료특성은 건축적인 효과의 핵심적인 역할을 수행한다. 그것들은 보이지 않게 매입시켜서 전체적인 표면의 일부로 보이게 배치하거나, 압력분산요소로서의 와셔가 있는 특별한 매입형 나사들을 사용하여 제2의 평면으로서 주목을 끌게끔 배치할 수도 있다.

붙박이 유닛
Built-in units

붙박이 유닛의 경우, 재료와 표면성능이라는 구조적 주제들 간의 상호작용이 존재한다. 목제품들의 다양한 가능성은 구조요소들의 형상을 그 효용가치에 따라 만들 수 있음을 의미한다. 특수한 "굽기(baking)" 과정을 통해 2개나 3개의 축상에서 그것들을 휠 수가 있다. 여기서 그 제품들의 강도뿐만 아니라 유연성까지 이끌어낼 수가 있다. 〉 그림 23 참고

재활용
Recycling

목제품들은 목재 생애주기의 일부이며, 목재처럼 이산화탄소를 저장한다. 산업적인 제조과정은 긍정적인 효과를 25 내지 65퍼센트만큼 감소시킨다. 결합제가 접착된 채로 남기 때문에 목제품들은 재가공하기가 어려우며, 따라서 보통은 소각시켜 에너지를 생산한다.

그림 23:
구조용 베니어합판으로 만든 벤치

그림 24:
다양한 목제품들

그림 25:
화성암(화강암), 퇴적암(사암), 변성암(슬레이트)

2.4 천연석재

천연석재는 안정성과 정통성, 그리고 전통성까지 연상시킨다. 그것은 총밀도와 강도, 표면강도, 열전도성이 모두 높다. 대부분의 석재는 풍화와 서리와 같은 천연적인 과정들과 화학적인 과정들을 견뎌내며, 내구성이 아주 좋다. 이런 속성들에도 불구하고, 혹은 바로 그런 속성들 때문에 바닥재나 파사드 재료로서 얇은 외장재를 선호하는 현대건축에서는 천연석재가 대체로 정역학적 기능을 상실했다. 〉 그림 27 참고

가용성
Availability

천연석재는 쉽게 이용이 가능하며, 많은 곳에서 그 지역에서 전형적으로 쓰는 석재를 사용한다. 지금의 이 세계화 시대에서는 그러한 지역전통들이 뒤로 밀려나면서 기능적이거나 심미적인, 혹은 재정적인 고려사항들을 선호하는 추세인데, 이는 운송이 또한 가능하기 때문이다.

암석기술학적 분류
Petrographic
classification

천연석재의 유형과 용어들은 엄청나게 폭넓은 다양성을 자랑한다. 암석기술학적 명칭과 상업적인 명칭이 다르지만, 건축가들에게는 전자만이 유용한 것이 암석기술학적 명칭은 천연석재 유형들을 비교하기 위해 유사한 속성들을 함께 제시하기 때문이다. 상업적인 명칭들은 사실 혼란스러울 수 있는데, 예를 들어 "벨기에 화강암(Belgian granite)"은 석회암의 한 유형이다.

천연석재는 화성암, 퇴적암, 변성암의 세 집합으로 분류된다. 화성암은 액

\\ 참고:
천연석재들은 무기물질로 구성되고, 구조가 다양하며, 마감되는 방식에 있어서 벽돌(54쪽 참고)과, 그리고 광물결합물질들을 활용하는 프리패브 유닛들(45쪽 참고)과 유사하다.

\\ 참고:
천연석재의 경우 원료의 보호는 환경적인 마모와 파손, 채석 유형, 생산되는 폐기물, 운송거리라는 핵심 요인들에 기초한다. 〉 '재료 요건' 장의 '환경오염' 참고

그림 26:
천연석재에 대한 표면마감: 혹두기, 도드락다듬, 정다듬, 물갈기

상의 마그마가 직접 냉각되어 형성된다. 화성암은 특히 강하고 단단하며, 대개는 균일한 구조를 갖는다. 퇴적암은 입자들로부터 형성되며, 형성되는 방식에 따라 수많은 공극과 수평층리들, 혹은 심지어 동식물의 화석까지 포함하기도 한다. 변성암은 기존의 암석이 압력이나 고온, 혹은 화학적인 과정들에 의해 구조가 변하면서 생겨난다. 변성암은 대개 공극이 없고, 분명한 결을 갖는다. › 그림 25 참고

화강암
Granite

화강암(화성암의 일종)은 건설 산업에서 사용되는 가장 내구성 있는 천연석재로 여겨지며, 거의 제한 없이 사용할 수가 있다. 화강암은 강하고, 동결을 견뎌내며, 대개는 풍화에도 저항할뿐더러, 폭넓게 다양한 색상이 가능하다. 또한 어떤 요구방식으로도 마감이 가능하다.

사암
Sandstone

사암(퇴적암의 일종)은 화강암만큼 강하지 않으며 광택을 낼 수가 없다. 사암은 많은 양의 물을 흡수할 수 있기 때문에 동결저항성이 제한적이며, 공기 중의 오염에 영향을 받기 쉽기 때문에 풍화에 대한 저항도 제한적으로만 가능하다. 하지만 작업하기는 매우 용이한 것으로 여겨진다. 사암은 종종 약간 줄무늬가 진 개방적인 결을 가지며, 많은 색상이 가능하다.

석회암
Limestone

석회암(퇴적암의 일종)은 건설 산업에서 가장 많이 사용되는 암석 범주이며, 그 구성 때문에 화학적인 과정들에 취약하다. 석회암은 파스텔 색조로 일어나며, 종종 화석을 함유하고, 여러 버전들 가운데 일부는 광택을 낼 수 있다. 대리석을 비롯한 많은 석회암 유형들은 아주 얇게 절단할 때 투명하다.

점판암
Clay shale

점판암, 혹은 슬레이트(변성암의 일종)는 구조가 아주 조밀하며, 습기를 거의 흡수하지 않고, 잘 쪼개지는데다, 보통 암회색부터 검정색까지 이르는 얇은 슬래브들로 사용된다. 마멸에 대한 저항성은 거의 없다 하더라도 점판암을 바닥재로 사용할 수도 있다. 이 재료는 표면에 손상이 생길 경우 쪼개지는 (재료의 개별 층들은 닳아 없어지는) 반응을 보이기 때문에 균일한 상태로 남는다.

천연석재는 개별적인 색상과 재질이 폭넓게 다양하며 풍화에 대한 탈색 및 마모 반응을 다소 일으킨다. 석재 슬래브들을 가로지르며 흐르는 재질들은 전반

재질
Texture

적으로 하나의 균일한 건축적인 그림을 만들어낸다. 높은 색상대비는 구조화된 생동감을 일으킨다. 그것이 만드는 전반적인 인상은 대개 노화를 겪지 않는 반면 그 디테일은 풍화를 겪는다. 〉그림 27 참고

표면 처리
Surface treatment

원하는 효과는 석재의 표면처리를 통해 얻는다. 거의 아무런 작업도 하지 않은 원석은 고풍스러운 미학을 제공한다. 파편화된 모서리, 쪼개짐과 절단, 발파를 통해 남겨진 흔적들은 재료의 기원과 추출방식을 상기시킨다. 혹두기(pointing: 망치로 두드리는 기법)와 정다듬(comb chiselling: 이빨이 난 정을 사용하는 기법), 도드락다듬(bush hammering: 이빨이 난 망치를 사용하여 거칠게 만드는 기법), 샌드페이퍼 갈기(sanding)와 물갈기(polishing)는 석재에 특수한 성격들을 부여한다. 거친 표면들은 그 천연석재가 어떤 과정들을 겪었는지를 입증하며, 그것의 육중하고 고풍스러운 외관에 기여한다. 석재를 물갈기하면 그 재질이 전면에 등장하게 되고, 때가 묻거나 노화되는 걸로 보이지 않는다. 〉그림 26 참고

줄눈이음
Jointing

천연석재의 줄눈이음은 이용할 수 있는 석재형식들에 따라 달라진다. 이런 형식들은 싸이클로피안 축성물(Cyclopean masonry)에 쓰인 미가공 원형잡석에서부터 가로줄이 불규칙한 조적조에 쓰이는 다양한 크기의 각석들, 그리고 커튼월 파사드에 쓰이는 물갈기나 빗각 처리된 슬래브들까지 이른다. 생산되는 표면의 성격은 줄눈들을 강조하거나 감추는 방식으로 결정할 수 있다. 줄눈과 석재의 색상이 균일할수록, 건물의 구조적 생동감은 줄어들며 명백하게 단일체적인 표면으로 보이게 된다. 줄눈이 어두울수록, 사용되는 석재는 더욱 두드러지고 빛나는 것처럼 보인다. 〉그림 25 참고

그림 27:
천연석재 파사드에서 진행된 노화

그림 28:
가로줄이 진 조적조

그림 29:
목조판자 구조를 활용한 콘크리트, 골재노출콘크리트, 유리섬유콘크리트

2.5 콘크리트

콘크리트는 이 시대의 보편적인 건설재료다. 이 재료는 20세기 건축의 발달을 결정적으로 점찍었으며, 양면적인 성격을 가진 재료다. 액체형태로 사용되는 이 재료는 그 강도 면에서 인공석재로 평가되며, 그 고유의 구조보다는 외면적으로 거푸집 작업을 드러낸다. 어떤 이들은 순수한 미학 때문에 콘크리트를 좋아하고, 또 다른 이들은 콘크리트가 야수적이고 비인간적이라고 여긴다.

생산
Production

시멘트와 골재, 물의 혼합이 콘크리트의 속성들을 결정한다. 시멘트가 결합제의 역할을 하는데다 물이 있기 때문에 콘크리트의 경화가 가능하며, 골재들은 필요한 시멘트의 양을 줄여주면서 밀도와 강도, 열전도성, 열저장능력을 결정한다. 보통의 콘크리트는 총 밀도와 표면경도, 강도가 높다. 통상적인 골재는 자갈이다. 크고 작은 입자들의 구조는 가능한 한 적은 공극을 만들 수 있게끔 계산된다. 자갈은 시멘트로 완전히 덮여 보이지 않게끔 결합될 것이다. 입자크기가 작을수록 콘크리트의 유동성을 높이는데 도움이 된다.

골재
Aggregates

콘크리트의 속성들은 골재가 결정한다. 통상적인 콘크리트는 열전도성과 열저장능력이 높다. 골재를 바꾸면 열전도성을 상당히 줄일 수 있는데, 예를 들면 팽창점토(expanded clay), 특히 다공성 점토나 목재 부스러기들을 활용할 수가 있다. 기공을 단열장치로서 도입하면 열전도성을 더욱 줄일 수 있다. 이때 사용하는 수단은

\\ 참고:
콘크리트는 무기물질로 만들어지며 비균질적이다. 기본적으로 콘크리트는 주조될 수 있는 석재이며, 도자기질(54쪽 참고)과 같이 어떤 모양으로도 생산이 가능하며 천연석재(39쪽 참고)처럼 효과를 낸다.

\\ 참고:
물-시멘트 비(water-cement ratio: w/c)는 물과 시멘트의 비율을 백분율로 정의한다. 물-시멘트 비가 0.6 미만이면 불투수성 콘크리트를 만들 수 있다. 따라서 콘크리트는 하중지지성능뿐만 아니라 방습기능을 담당할 수도 있다.

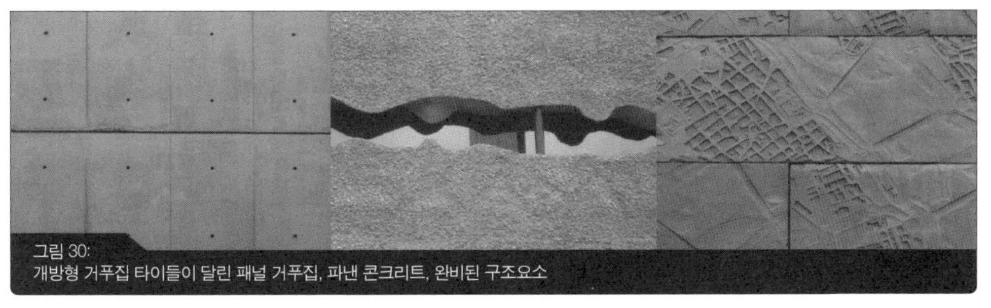

그림 30:
개방형 거푸집 타이들이 달린 패널 거푸집, 파낸 콘크리트, 완비된 구조요소

발포제인데, 발포제는 콘크리트가 케이크처럼 떠오르게 해준다. 그렇게 만들어지는 것을 기포콘크리트(aerated concrete)라고 한다. 굳지 않은 콘크리트의 반죽을 더 쉽게 하기 위한 화학물질이나 콘크리트의 착색을 위한 컬러염료를 첨가할 수도 있다.

처리
Processing

콘크리트는 경화 중에 부피가 줄어들며 수축한다. 균열을 방지하려면, 콘크리트로 이루어질 단면들을 정의하고 줄눈 — 혹은 표면에만 표시되는 균열유발줄눈(dummy joint) — 들을 "사전에 결정된 균열지점"으로 활용한다. 처리과정에서 독립적인 하중지지능력이 없는 액상콘크리트의 압력은 이차적인 구조를 통해 흡수되어야 한다. 거푸집은 적절한 치수로 설계해야 한다. 거푸집 수직단면에서의 배부름(bulging)을 방지하기 위한 거푸집 타이들을 콘크리트로 타설되는 부분에 관통시켜 거푸집의 양면을 보이지 않게 서로 부착시킨다. 그 타이들은 마감되는 콘크리트에 가시적인 흔적을 남긴다. 거푸집의 표면과 이음패턴뿐만 아니라 거푸집의 타이들까지도 가시적인 콘크리트의 질감을 정의한다. 〉 그림 30 참고

거푸집
Formwork

치장콘크리트(fair-face concrete)는 거푸집의 안쪽 면이 그대로 찍혀 나오는 콘크리트다. 샌드페이퍼로 닦거나 거친, 혹은 샌드블라스트(sandblast: 모래분사)로 연마한 목재 면, 〉 그림 29 왼쪽 참고 코팅을 하거나 하지 않은 목재나 금속, 플라스틱 거푸집 패널들을 통해 폭넓게 다양한 설계가 가능하다. 콘크리트의 내부구조도 드러낼 수가 있다. 거푸집 표면에 경화과정을 늦추는 물질을 바를 수 있으며, 그리고서 표면에 물을 분사시키면 내부의 자갈이 드러난다. 그렇게 만드는 콘크리트를 골재노출콘크리트(exposed aggregate concrete), 혹은 세척콘크리트(washed concrete)라고 부른다. 〉 그림 29 중앙 참고 그 표면은 샌드페이퍼로 갈거나 파내기까지 함으로써 콘크리트의 내부구조를 보여줄 수도 있다. 〉 그림 29 오른쪽 참고 콘크리트는 자체적인 표면 없이 마감될 수도 있는데, 타설 과정이 끝난 후에도 제자리에 남는 영구 거푸집(permanent formwork)을 활용할 경우에 그러하다.

콘크리트는 간단한 혼합물로서 인장강도가 적기 때문에, 구조적으로 쓰일

철근콘크리트
Reinforced concrete

경우에는 언제나 철근콘크리트로서 쓰일 것이다. 보강용 철근은 하중을 흡수해야 하는 지점들에서 콘크리트에 삽입된다. 콘크리트의 알칼리성 pH 때문에 일어나는 철근의 부식을 보호하기 위해 언제나 콘크리트 피복의 최저수준이 계획된다. 또한 콘크리트와 철근은 팽창계수가 거의 같아서 함께 자연스럽게 거동한다. 직물이나 탄소섬유, 혹은 플라스틱섬유를 사용하여 보강할 수도 있다. 이런 보강재들은 필요한 콘크리트 피복량을 줄여주기 때문에 특히 세장한 부재들의 생산을 가능케 할 것이다. 억새풀(Elephant grass/Miscanthus)은 간격을 두고 재성장하는 보강재다. 성장이 매우 빠른 식물로서 그 세포들은 상당량의 광물질(mineral)들을 저장하는데, 이것이 시멘트와의 보이지 않는 결합을 돕는다. 콘크리트 내부의 이러한 보강재는 초기에 방향성이 없던 콘크리트를 방향성을 가진 복합재료로 만든다. 그것의 하중지지능력은 주조(moulding) 방식이나 구조물의 정역학적 높이로부터 영향을 받을 수 있다. 콘크리트 내부 응력의 흐름에 상응하는 지능형 주조(intelligent moulding)는 새로운 설계가능성들을 열어주며 요구되는 재료의 양을 상당히 줄여줄 수 있다. 〉

그림 31 참고

재활용
Recycling

콘크리트는 내구성을 대표한다. 콘크리트의 실제 유효수명은 그것을 처리하는 특정한 방식을 통해 결정된다. 강재와 콘크리트의 보이지 않는 결합이 콘크리트를 하나의 복합재로 만든다. 재활용 프로그램에 콘크리트를 도입하기는 어려운데, 그 에너지의 대부분이 화학적인 시멘트 경화과정에 묶여있기 때문이다. 건물요소의 의미 있고 완전한 재활용은 콘크리트에 활용되는 단일체적인 시공법 때문에 종종 실패한다.

그림 31:
늑재(rib)들을 갖춘 원형 하중지지구조

그림 32:
노출콘크리트 설계

그림 33:
조적유닛들의 다양한 크기와 줄눈두께: 전형적인 소형(2DF), 중형(5DF), 대형

2.6 광물결합조적유닛

석재와 육중한 건물의 시공법은 대개 천연석재와 벽돌과 연관된다. 하지만 언제부턴가 이런 재료들을 광물결합조적유닛들이 보완해오고 있는데, 규산칼슘유닛들은 석회로, 콘크리트유닛들은 시멘트로 만들어지고 있다. 타공(perforation)을 할 경우 중량을 줄일 수 있고, 양각(embossing)은 유닛들의 표면을 구조화할 수 있다. › 그림 35 참고 그런 조적유닛들은 입수하기가 쉽고 특히 낮은 총 밀도와 높은 강도수준으로 인해 작업과 처리가 용이하기 때문에, 건설 산업에서 흔히 사용되어왔다.

생산과 속성
Production and properties

조적유닛들은 오토클레이브(autoclave: 기밀성 폐쇄압력용기)들에서 평균온도 160–200℃의 증기압력 하에 경화된다. 이러한 생산방법은 그 유닛들의 수축이 매우 적으며 생산물들의 특성과 치수가 일관적임을 의미한다. 조적유닛들은 일반적으로 습기에 민감하지 않다. 사실, 그 표면들은 공기 중의 습기를 흡수하여 다시 공기 중으로 그것을 방출한다. 이는 실내기후에 긍정적인 효과를 주기도 하지만, 야외용도로는 바람직하지 않다. 사용되는 결합제는 이러한 속성을 보강하거나(예: 석고나 석회의 경우) 저감시킨다(예: 시멘트). 따라서 규산칼슘 외장유닛들이 주입된다. 조적유닛들은 높은 모세관력(capillary force)을 나타내기도 하는데, 말하자면 액체를 잘 흡수한다는 얘기다. 이런 이유로 조적유닛들을 활용하여 벽을 세울 때에는 밀봉재와 수평단열층들을 매우 세심하게 계획하고 시공해야 한다.

\\ 참고:
광물결합조적유닛들은 콘크리트(42쪽 참고)처럼 무기질 광물재료로 이루어진다. 그것들은 도자기질과 벽돌(54쪽 참고), 혹은 천연석재(39쪽 참고)처럼 이을 수 있다.

\\ 참고:
조적유닛들의 습기관련 속성들을 야외 바닥재에 활용하여 밀봉재를 줄일 수가 있다. 특히 다공성 시멘트 유닛들은 하층토에까지 강수가 침투할 수 있게끔 만들어진다.

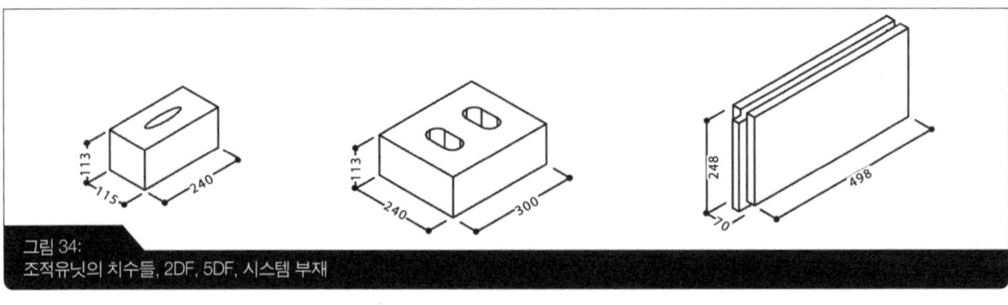

그림 34:
조적유닛의 치수들, 2DF, 5DF, 시스템 부재

골재
Aggregates

어떤 골재를 선택하느냐에 따라 유닛들의 속성을 변화시킬 수 있는데, 특히 콘크리트조적유닛들의 경우가 그렇다. 골재유형에 따라 (암괴나 팽창점토의 경우) 경량콘크리트유닛이나 (슬래그의 경우) 미립고로슬래그유닛, 혹은 (이산화탄소를 발포제로 할 경우) 기포콘크리트유닛의 생산이 가능하다. 이 경우들은 모두 그 유닛의 중량과 열전도성이 낮다. 하지만 유닛들의 표면경도가 그 중량과 함께 줄어드는데, 이것은 노출표면(예: 치장조적조의 표면)에 사용해선 안 된다는 얘기다. 따라서 조적유닛들은 벽 재료로서의 자체적인 속성들이 거의 발달하지 않고 장식된 표면들 뒤에 숨는 경향이 있다.

유닛형식
Unit formats

중량의 감축은 상업적으로 생산되는 유닛들의 형식을 늘릴 수 있게 해준다. 작업공의 손이 벽돌크기를 결정하곤 했지만, 이제는 한 작업공이나 기계양중장치가 시공과정의 속도를 높이기 위해 얼마나 많은 벽돌을 취급할 수 있는가에 따라 그 크기가 결정된다. 하지만 그 형식들은 여전히 대체로 벽돌 조적조에 대한 규칙들에 기초한다. 보다 큰 형식들은 실로 자체적인 크기를 갖되, 재료의 구조적 특성(압축강도, 낮은 인장휨강도)이나 관습적인 공간적 치수들로부터 도출된다. › 그림 34 참고

›

줄눈이음
Jointing

유닛들의 높은 치수안정성이 형식의 확대를 위한 기초를 이룬다. 정확한 제조과정들은 보충적으로 필요한 줄눈들의 수를 줄일 수 있다. 높은 정밀적합성(precision compatibility)은 줄눈들이 더 가늘어질 수 있음을 의미한다. › 그림 36 참고 실내용도로

\\ 참고:
조적의 유닛형식 및 구조들에 관한 더 많은 정보는 같은 기초시리즈의 『조적구조의 기초(Masonry Construction)』(Birkhauser Publishers, Basel 2007)에서 찾아볼 수 있다.

는 이러한 발전이 매우 많이 이루어졌기 때문에 수평줄눈만 있으면 된다. 그리고서 그 절단부위는 모르타르 없이 제혀쪽매의 수직줄눈으로 대신한다. › 그림 33 오른쪽 참고

벽돌조의 줄눈은 여전히 전형적으로 후퇴되어 시공되고 석조의 줄눈은 흐르는 빗물과 여타의 풍화로부터 보호되지만, 광물결합조적유닛들, 특히 규산칼슘유닛들의 줄눈은 유닛들의 취약한 모서리를 보호하는 데도 도움을 주기 때문에 후퇴되어선 안 된다. 이는 조적유닛들이 벽돌들에 비해 언제나 더 평탄하며 그 재료의 깊이는 모퉁이에서만 드러난다는 뜻이다. 이런 깊이는 개별 유닛들이 만드는 단일체적인 인상을 줄이지만, 곡률이 단순한 건물들의 경우에는 원거리에서 느껴지는 단일체적인 인상이 훨씬 향상될 수 있다. › 그림 36

이러한 평탄한 특성은 실내에서 훨씬 더 향상될 수 있다. 때로는 열팽창도 줄어들어서 아주 좁은 줄눈들만 필요하다. 바닥면에 사용되는 조적유닛인 "테라조 타일"은 표면상에 재료의 내부구조를 드러낸다. 기본적으로 천연석재와 콘크리트에 대해 알려진 모든 기법들은 표면처리에도 활용할 수가 있다.

재활용
Recycling

조적유닛들은 무슨 재료건 간에 재활용하기가 좋다. 그 유닛들은 사용 후에 줄눈재료를 떼어내 분리한 다음 그것들 자체로 재활용할 수 있다. 줄눈재료는 유닛만큼 강하지 못한 게 당연하며, 그렇지 않을 경우 그 유닛이 먼저 깨져버려서 재활용할 수가 없다. 특히 경량유닛들은 충분히 강하지도 않아서 재활용이 불가한 재료가 된다. 모르타르 없는 이음(제혀쪽매)은 재활용가능성에 주된 기여를 한다.

그림 35:
양각화된 콘크리트조적유닛

그림 36:
콘크리트조적유닛

그림 37:
석고보드와 시멘트섬유보드, 광물성시멘트보드의 단면과 상면

2.7 광물결합보드

광물결합보드는 전형적인 내장재다. 이런 보드는 금내기와 톱질, 절단, 드릴천공, 절삭이 용이하기 때문에 경량의 벽체 및 천장구조를 위한 표면에 거의 보편적으로 사용되어왔다. 석고보드가 가장 흔히 사용되지만, 시멘트섬유보드(cement fibreboard)와 목모보드(wood wool board), 광물결합칩보드(mineral-bonded chipboard), 섬유석고보드(fibrous plasterboard), 펄라이트월보드(perlite wallboard)도 있다.

결합제에 따른 분류
Classification by binding agent

이런 보드들은 사용되는 결합제에 따라 석고보드나 시멘트보드로 분류할 수 있다. 석고반죽(플라스터)은 결합용으로 사용할 때 급속하게 경화하기 때문에 압출을 통한 보드제작에 적합하다. 바로 그 유동적인 석고반죽의 양면에 카드보드를 두르고 압력을 주어 성형한다. 띠 형의 보드는 처음에 끝없이 나오다가 크기에 맞게 재단된다. 석고구조 내의 미시기공들이 재료의 흡수속성을 만들어내는데, 그것이 습기를 잘 흡수하기 때문에 실내습도를 잘 통제할 수가 있다.

시멘트는 보다 두드러지게 느린 속도로 결합한다. 따라서 시멘트는 압출과정에 부적합하며, 압력을 주어 성형해야 한다. 그런 이유로 시멘트결합보드는 석고보드보다 더 강력하다. 이 재료는 방수도 가능하다. 시멘트보드의 강도는 하중지지와 보강 용도로 활용할 수 있다.

속성
Properties

보드는 상대적으로 얇긴 하지만, 횡력과 인장력을 견딜 수 있게 보강하면 구조재로 사용할 수 있다. 섬유재료들은 거의 골재로만 사용되는데, 유리섬유는

\\ 참고:
광물결합보드들은 무기질 광물로 구성되어 있고 구조는 균질하지 않다. 또한 목제품들(36쪽 참고)과 유사하게 활용된다.

\\ 참고:
DIN EN 520 표준은 옛 DIN 18180이 정한 표준인 월보드를 석고보드로 변경했다.

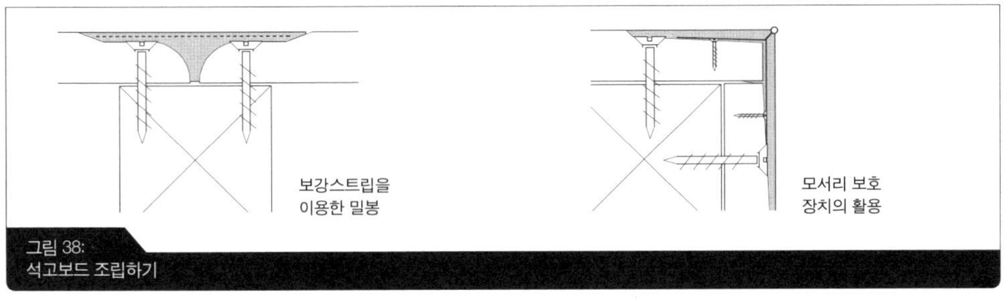

그림 38:
석고보드 조립하기

펄라이트월보드에도 사용된다. 이런 종류의 보강재는 외부에 두는데, 이는 정역학적인 고유의 높이를 내기 위해서다. 석고보드는 한 단계 더 나아간다. 그것은 매우 강하면서도 가볍고 열전도성을 줄이는 카드보드로 양면을 덮어 보강한다. 하지만 카드보드의 표면이 약해지거나 손상되면 상당량의 성능이 소실된다. 카드보드의 표면 방향은 석고보드를 한 축으로 더욱 효율적으로 만들어주기 때문에 직사각형 형태로 이용할 수가 있다. 표면 처리되지 않은 석고보드는 물에 취약하다.

〉그림 37 참고

모서리 설계
Edge design

석고보드는 (벽지나 페인트의) 정벌이나 마감을 위한 지지구조 역할을 하게끔 개발되었다. 이는 보이지 않게 가로팽창을 수용할 수 있는 제작줄눈들을 갖추어 일견 줄눈이 없는 것처럼 보이는 영역들이 필요하단 뜻이다. 따라서 석고보드에는 특별한 응용에 최적화된 다양한 모서리 패턴들이 제공되며, 조립 후에 줄눈을 보강하거나 보강하지 않은 채 밀봉된다. 〉그림 38 참고

실내공간을 위한 건축
Architecture for interior spaces

석고보드는 가시적인 어떤 속성도 없는 재료라는 관념을 대표한다. 그 재료의 면과 재질은 후퇴하면서 다른 재료들, 혹은 한 공간이 전체적으로 지각되는 방식을 완전히 선호한다. 석고보드가 없었다면 리처드 마이어의 건물들에 사용된 이런 종류의 건축은 생각할 수 없었을 것이다. 〉그림 39 참고

\\ 참고:
펄라이트는 천연적이며 수분을 머금은 유리 같은 석재다. 가열되면 함유된 수분이 기화되어 재료의 부피가 최대 20배까지 커진다.

파사드를 위한 용도
Use for facades

광물결합보드는 꽤나 다른 새로운 재료특성을 표현할 수도 있다. 시멘트섬유보드는 파사드에 사용 시 콘크리트의 회색을 쓸 수 있고, 다른 색상들도 이용 가능하다. 이런 보드는 파사드에 사용할 때 대개 평탄하지만, 구조적인 목적을 위해서는 골을 낼 수도 있다. 이것은 정역학적 높이를 증가시키므로, 그에 따라 최대 경간도 늘어난다. 보드들을 중첩적으로 조립하여 투수가 불가한 하나의 연속된 층을 형성할 수도 있다.

차음
Sound insulation

보드의 표면속성들은 보드가 차음에 활용될 수 있음을 의미하기도 하는데, 여기서는 목모보드가 하나의 좋은 예다. 목모보드의 거칠고, 기공이 열린 표면이 소리를 흩뜨리고 흡수한다. 이렇게 거칠고 합리적인 가격의 보드는 인공적이지 않은 기술미학을 갖추고 있으며, 특히 고정 장치들과 붙박이식 유닛들을 돋보이게 만든다. 보드들은 광물결합제와 잘 결합하기 때문에 영선실이나 지하주차장의 영구거푸집에도 적합하다. 〉 그림 40 참고

재활용
Recycling

광물결합보드는 대개 구조적으로 사용되지 않는다. 그 보드는 수직벽체를 위한 판자로서 쉽게 대체된다. 보드들은 주된 재료적 손실 없이 교정될 수 없다. 그렇다 하더라도 그것들의 재활용 비율은 매우 낮은데, 이는 그 재료가 매우 합리적으로 가격 책정되고 생산되는 물질에는 독성이 아예 없거나 거의 없기 때문이다.

그림 39:
실내건축

그림 40:
천장재로 사용된 목모보드

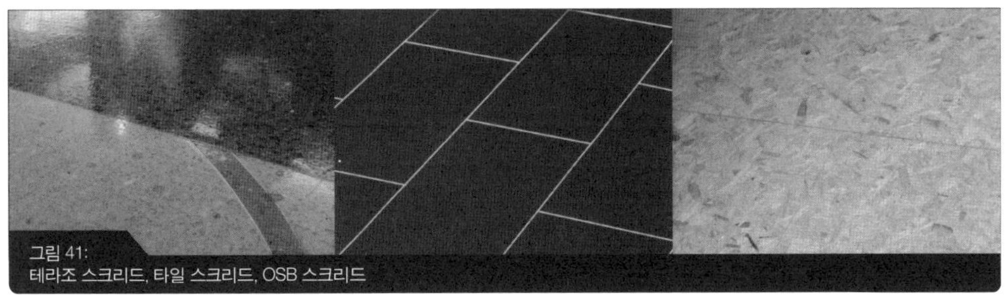

그림 41:
테라조 스크리드, 타일 스크리드, OSB 스크리드

2.8 플라스터와 스크리드

플라스터와 스크리드는 줄눈 없이 넓은 표면적을 만들어낸다. 이런 요소들은 습기와 서리, 열기 속에서 재료들을 보호하며, 하중을 분배하는 역할을 한다.

스크리드
Screed

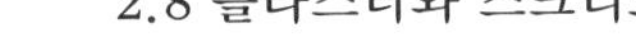

스크리드는 현장에서 타설하여 접촉면에서 경화한다. 모든 광물결합물질들처럼 스크리드도 경화 중에 수축을 하는데, 이는 균열이 형성될 수 있으니 수축줄눈들을 배치해야 함을 의미한다. 경화시간 또한 시공과정에서 매우 중요하다. 대개는 7일이 지나면 시멘트 스크리드 위를 걸어 다닐 수 있지만, 규정강도에 도달하려면 28일이 필요하다. 무수석고(anhydrite) 및 매스틱 아스팔트(mastic asphalt) 스크리드들은 상당히 빠른 시일 내에 그 위를 걸어 다닐 수 있다. 역청(bitumen)이 갖는 탄성은 그것이 보다 얇게 도포될 수 있으며 넓은 면적에 걸쳐 줄눈 없는 시공이 가능함을 의미한다. 또한 그것은 구조적인 소음이 일어나지 않게 막음으로써 충격음을 차단할 필요를 없애기 때문에 방음요건들의 제약을 줄일 수도 있다.

충격음 차단
Impact sound insulation

충격음 차단처리가 된 스크리드는 탄성피복재 상에서 시트 형태로 부유한다. 피복 띠들은 소리가 수직 벽들을 통해 투과되지 못하게 막는다. 예를 들어 석고보드로 만든 건식 스크리드는 재활용이 가능하고 대체하기가 쉽다. 테라조와 타일, 목재 스크리드는 독특한 재료속성들을 가진 표면을 제공한다. › 그림 41 참고

\\ 참고:
플라스터와 스크리드는 주로 무기물질로 구성되며 처리방식 면에서 콘크리트(42쪽 참고)와 유사하다. 그 표면들은 천연 석재(39쪽 참고)처럼 작업이 가능하다.

\\ Tip:
플라스터는 표준적인 시공재료다. 플라스터의 많은 표면 유형들을 활용할만한 가치가 있는 이유는 비용이나 노력이 더 드는 경우가 거의 없으면서도 건축적인 부가가치는 더 키울 수가 있기 때문이다.

그림 42:
다양한 플라스터(미장) 표면들

플라스터
Plaster

플라스터는 그 밑의 재료들을 보호하며 장식적일 수도 있는 균질한 표면을 제공한다. 〉그림 43 참고 기술적으로 말하자면 두 가지의 마감이 가능한데, 일단 플라스터는 기공이 열린 구조를 갖고 있고 그 밑의 재료를 관통했을 수 있는 모든 습기를 제거할 수 있다. 그 다음에 플라스터는 취약해지는 경향이 있고 쉽게 손상된다. 그것은 벽 구조에서 가장 약한 층이며 지속적인 관리가 필요하다. 반면, 플라스터는 상당한 시간동안 그것의 보호기능을 유지하는 특히 강하고 치밀한 표면을 형성할 수 있다. 처음에는 이러한 마감을 유지하기가 매우 쉽지만 결함이 생기기라도 하면 플라스터를 완전히 바꿔야 하며, 그것이 매우 강력하기 때문에 플라스터 바깥층을 제거하는 과정에서 대개 그 지지체에 손상이 간다.

플라스터의 구성
Composition of plaster

가용한 플라스터들은 결합제의 유형에 따라 분류된다. 롬 플라스터(loam plaster)는 오직 초벌용으로 실내작업에만 사용할 수 있다. 습기민감성 플라스터(moister-sensitive plaster)도 실내에서만 사용되지만, 창조적인 작업과 섬세한 치장벽토(stucco)에 적절하다. 수증기를 분산시킬 수 있는 석회플라스터(lime plaster: 회반죽) 유형은 부드러운 기경성에서부터 단단한 수경성 석회플라스터까지 이른다. 그것들은 실내외에서 방수층으로 사용된다. 시멘트를 결합제로 사용하면 모세관 방수성의 석회-시멘트 플라스터와 야외용 시멘트 플라스터를 생산할 수 있다. 골재들을 사용하면 개축과 방화, 차음 및 단열과 같은 특수목적의 플라스터들을 생산할 수 있다.

플라스터 바탕
Plaster ground

기본적으로 플라스터는 자체적으로 굳지 않은 상태로 그 바탕에 즉시 달라붙어야 한다. 따라서 플라스터는 제한된 두께까지만 도포할 수 있다. 그 바탕이 플라스터의 습기를 너무 많이 빼앗으면, 충분한 경화가 이뤄지지 않을 것이다. 그 기층이 습기에 전혀 반응하지 않으면, 낮은 수준의 보이지 않는 결합만이 이뤄질 수 있다. 따라서 플라스터의 바탕에는 종종 초벌칠을 한다.

플라스터 지지체
Plaster supports

플라스터의 바탕이 부착을 보장할 수 없다면, 특수한 플라스터 지지체를 사용해야 한다. 그럴 때에는 플라스틱 섬유매트나 지푸라기들로 플라스터를 고정한다. 그러한 플라스터 지지체가 고체 플라스터 바탕을 대체할 경우에도 원리는 여전히 유효하다. 그 다음엔 하중지지성능을 보장하기 위해 와이어 메시를 사용한다. 이렇게 기계적으로 지지되는 플라스터 층은 진동을 줄일 수 있는 정도의 탄성을 갖기 때문에 소음을 없애기도 한다.

설계
Design

플라스터는 보호기능뿐만 아니라 설계의 일부로서도 기능한다. 그것은 단일체적인 인상을 만들어낸다. 그 표면의 질감은 가까이서만 식별이 가능하며, 그럴 때에만 그것이 그냥 하나의 외피라는 게 분명해진다. 〉그림 44 참고 이러한 질감은 그 재료와 도포기법에 기초하는데, 선택된 과정은 도구와 첨가물, 경화과정 간의 상호작용에 의한 결과로서 흔적들을 남긴다. 이런 종류의 표면들은 첨가물들(자갈과 모래)을 분포하는 과정에서 무작위적인 요인이 얼마나 되는지, 혹은 작업공이 도구를 어떻게 다루느냐에 따라 결정될 수 있다. 플라스터는 페인트칠이나 염색작업을 통해 도색이 가능하다.

질감
Texture

가능한 첫 번째 질감의 생성은 습기를 머금은 플라스터를 어떤 방식으로 도포하느냐에 직접 달려있다. 넓은 면적에 걸쳐서 분사시킬 수도 있고, 좁은 면적 위에 흙손이나 솔로 바를 수도 있다. 약간 마른 플라스터는 흙손이나 구조화된 표면의 나무판자, 혹은 특수한 빗과 롤러를 사용할 경우 넓은 면적에 걸쳐서 자유로운 형태로 흔적을 남길 수 있다. 플라스터가 완전히 마르기 바로 전에, 그 표면을 스펀지보드로 문질러서 특히 매끄러운 마감처리를 할 수 있다. 표면 결합제를 씻어내고 플라스터의 첨가물들을 드러내는 것도 가능하다. 석공의 기술을 활용할 수도 있다. 〉'천연석재' 장 참고 첨가제들이 특히 많고 장력이 집중되는 경향이 있는 플라스터 표면을 벗겨냄으로써 넓은 면적에서 수축균열을 없앨 수 있다. 〉그림 42 참고

그림 43:
플라스터를 이용한 장식 파사드 설계

그림 44:
코팅재로 사용한 플라스터

그림 45:
사용 중인 다양한 도자기질(기와, 벽돌, 타일)

2.9 도자기질과 벽돌

도자기질은 매우 오래 된 역사를 갖고 있으며 그 증거를 기원전 4세기에서 찾아볼 수 있다. 도자기질을 뜻하는 영어 'ceramics(세라믹스)' 는 불에 태운 흙을 의미하는 그리스어 'keramos(케라모스)' 에서 유래한다.

기초재료로서의 점토
Clay as basic material

도자기질의 기초재료는 점토인데, 점토는 대개 수분을 함유한 알루미늄화합물들로 구성되며 조형적인 주조가 가능케 하는 평탄한 잎 모양의 구조를 갖고 있다. 그 부드러운 덩어리를 주형 속에 가압 성형하여 "녹색타일(green tile)" 을 만들어낸다. 오늘날의 압출과정에서는 마우스피스를 바꾸어 제품의 단면을 변경할 수 있고, 압출된 긴 띠는 필요한 제품 크기에 맞게 절단된다.

굽기와 속성
Firing and properties

제품은 굽는 과정이 끝나야 비로소 방수가 된다. 잎 모양의 점토구조는 약 800℃의 온도에서 융화한다. 이런 식으로 생산되는 질그릇은 모세관현상이 크게 나타난다. 약 1200℃부터 소결(sintering) 과정이 일어나는데, 이는 알루미늄화합물들이 융화하여 하나의 유리질구조를 생산하는 과정이다. 공극들을 포위하면서 모세관성이 최소로 줄어들고, 하나의 서리방지 소결제품이 얻어진다. 도자기질은 굽기 과정에서 부피가 줄어든다. 이것은 사전에 결정할 수가 없으며, 이는 곧 치수와 제품허용오차들이 높음을 의미한다. 구워진 도자기질은 결의 크기와 다공성의 정도에 따라 평범한 도자기질과 섬세한 도자기질로 하위 구분된다. 〉그림 45 참고 도자기질은 충밀도와 경도, 압축강도, 내마멸성이 높으며, 석재처럼 인장강도는 낮다.

\\ 참고:
도자기질은 무기물질로 구성된다. 그 구조는 유리(62쪽 참고)의 구조와 유사하다. 벽돌은 천연 석재(39쪽 참고)와 광물결합조적유닛(45쪽 참고)과 유사한 방식으로 사용된다.

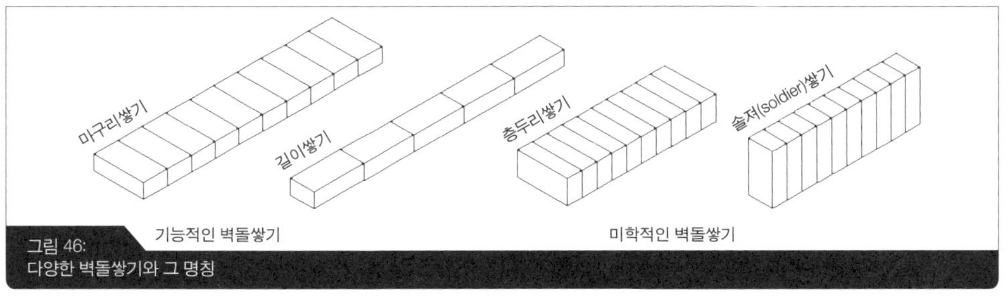

그림 46:
다양한 벽돌쌓기와 그 명칭

표면
Surface

표면의 색상과 질감은 주조와 굽기의 과정을 통해 만들어진다. 제품이 견고한 도자기질 피복재인 화장토(engobe)를 취하는 곳에서는 추가적인 표면코팅이 가능하다. 이 때 그것으로 도자기질의 경도와 반드러움, 색상을 결정하고, 예를 들어 질그릇의 표면을 밀봉할 수도 있다. 도자기질은 화염(flaming)과 같은 기법들을 활용하여 처리할 수도 있다.

벽돌
Brick

벽돌의 치수는 엄밀한 팔분척도 체계(octametric system)를 따른다. 치장벽돌에 많이 사용되는 보통의 얇은 형태들은 보이지 않을 경우 대형의 벽돌이나 블록으로 대체되어왔는데, 물론 서로 다른 벽 가로줄들을 맞출 수 있도록 같은 척도체계를 사용한다. 조적조의 건물을 설계할 때는 처음부터 팔분척도 체계를 활용할만한 가치가 있는데, 그렇게 해야 나중 단계에서 어떤 줄눈도 분별 있게 다룰 수가 있기 때문이다. 벽돌은 압력만을 받을 수 있기 때문에 조적조 작업 시에는 무엇보다 압력들을 산출하는 게 중요하다.

질감
Texture

벽돌 조적조의 질감은 벽돌들의 줄눈이 결정하며, 길이방향과 마구리방향의 켜들이 함께 조적조의 핵심적인 역할을 담당한다. 〉그림 46 참고 줄눈의 색상과 패턴, 시공방식이 치수와 재료깊이가 지각되는 방식을 결정한다. 줄눈은 종종 후퇴됨으로써 조적유닛의 깊이를 드러낸다. 이런 식으로 하나의 개별유닛은 벽 전체 영역뿐만 아니라 자체적인 고체특성을 발전시킬 수 있는 동시에, 날씨로부터 줄눈을 보호할 수 있다. 보통의 줄눈두께인 1cm는 벽돌치수의 높은 허용오차 때문이며, 모양의 다양함은 줄눈설계로 보상할 수 있다.

튼튼한 구조
Solid construction

벽돌은 다양한 방식으로 사용된다. 점점 더 커지는 형태와 줄어드는 중량을 자랑하는 신개발제품들이 시공과정의 속도를 높여왔다. 낮은 중량과 낮은 열전도성 역시 필요한 보온요건들이다. 이를 개선하고 단일-셀 조적조의 파사드에 대해 늘어난 보온요건들을 충족시키기 위해 목재부스러기나 폴리스티렌 비드를 점토와 혼합하는데, 이렇게 하면 재료를 구울 때 공극이 만들어지기 때문이다. 기공

비율이 높은 압출기 단면들을 활용하면 총 밀도를 더 줄일 수 있다.

미장 조적 셸
Facing masonry shell

벽돌의 전형적인 시각적 효과와 높은 보온수준을 동시에 얻으려면, 벽 내부에 단열층을 계획해야 한다. 2개의 벽을 시공해야 할 필요를 없애기 위해 벽의 바깥부분을 안쪽부분에 부착한다. 이런 목적으로는 방수와 서리방지, 백화방지가 되는 미장벽돌이나 과열벽돌(clinker brick)만을 사용할 수 있다. 외장 조적 셸은 보통 1B 두께밖에 안 되며 스테인리스스틸 조적 타이들을 통해 고정된다. 개구부의 문제는 최하단부의 석재들이 그것들에 작용하는 모든 압축력들을 보나 특수하게 매달리는 강재단면들로 흩뜨려야 한다는 것이다. 신축줄눈(expansion joint)은 외장 셸 내에서 5.12m마다 허용해야 한다. 〉그림 47 참고

도자기질 패널
Ceramic panels

금속단면에 매달리는 도자기질 패널은 파사드에도 사용된다. 그것들은 풍화방지기능을 제공하고 매우 얇기 때문에 분산되는 하중을 상당히 줄인다. 이 도자기질 패널들은 가시적으로 결합되지 않고 중첩과 줄눈들을 통해 하나의 유수층을 만들어낸다. 그런 파사드들은 조적의 육중한 특성과는 반대로 가벼워보인다.

지붕타일
Roof tiles

지붕타일은 하나의 유사한 시공원리를 따른다. 끝이 평탄한 평지붕타일들은 중첩을 많이 해야 하며 가파른 지붕에만 사용된다. 가장자리가 중첩하는 지붕타일들은 상당히 낮은 물매로 시공할 수 있다. 〉그림 48 참고

재활용
Recycling

벽돌은 일차적인 에너지소비와 내구성이 높은 재료로서, 줄눈 모르타르에서 분리될 수 있다면 제품을 재활용하기에 적합하다. 열린 줄눈(open joint)을 사용하고 모르타르를 사용하지 않는 도자기질 패널 및 지붕 타일들은 재활용과 보수를 하기에 이상적이다.

그림 47:
벽돌조 커튼월 파사드

그림 48:
중정형 벽돌주택

그림 49:
다양한 금속 파사드: 패널, 가장자리를 띄운 시트, 금속 띠

2.10 금속

최대의 화학원소족인 금속류는 총 밀도가 4500kg/㎥를 넘는 중금속(납, 구리, 아연, 철)과 총 밀도가 낮은 경금속(알루미늄, 마그네슘)으로 나뉜다. 철은 건설에서 가장 흔히 사용되는 금속이기 때문에, 철금속(ferrous metal)과 비철금속(non-ferrous metal) 간에도 추가적인 구분이 이루어진다.

속성
Properties

금속의 특수한 속성들은 밀도와 압축 및 인장 강도, 녹는점, 열전도성과 전기전도성이 높고, 금속적인 광택과 탄성을 갖고 있다는 점이다. 이러한 속성들은 금속의 결정구조에 기인하기 때문에, 몇 가지 금속(합금)들을 하나의 결정격자 속에 결합하면 그것들의 속성이 통일되지 않고 꽤나 별개의 집합이 만들어진다. 따라서 합금들의 속성을 아주 정확하게 설정하기 위해 작은 첨가물들이 활용될 수 있다. 철 합금만으로 알려진 것만 해도 2천 개인데, 이는 방수성에다 광택을 영원히 보유하는 스테인리스스틸의 다양한 특성들을 포함한다.

철과 강
Iron and steel

탄소함량이 2% 미만인 철금속들은 강(steel)으로 알려져 있다. 강은 철(iron)보다 더 탄성적이고 용접이 가능하며, 인장강도가 더 높다. 철강 건설부재들은 그 높은 강도와 중량으로 인해 기하학적인 관점에서 정역학적 효율성에 최적화되어 있다. I-거더나 사다리꼴 시트의 형상은 구조적 용도영역들에 관한 정보를 제공하고 사용되는 재료의 양을 최소화한다. 철은 산화하기 때문에, 공기와 접촉하지 못하도록 보호해야 할 필요가 있다.

\\ 참고:
지붕타일에 관한 더 많은 정보는 같은 기초 시리즈인 『지붕구조의 기초』에서 찾아볼 수 있다.

\\ 참고:
금속들은 무기물질로서 하나의 결정구조를 갖고 있으며, 유리(62쪽 참고)와 비슷한 방식으로 제련과정을 통해 뽑아낸다.

그림 50:
다양한 반(半)-가공 금속제품들

아연, 구리, 납
Zinc, copper and lead

아연과 구리는 방수성이며 작업이 용이하기 때문에 파사드 외장재와 피복용 시트, 지붕 배수부재들로 사용된다. 건설에서 은백색 아연은 거의 항상 소량의 티타늄을 함유한 합금(티타늄아연) 형태로 사용된다. 이렇게 하면 열팽창이 줄어들고, 탄성은 향상되며 재료의 용접이 가능해진다. 구리는 적갈색 빛을 띠며, 그 외관과 양호한 내후성 때문에 건설에서 매우 각광받는 재료다. 무광의 회색 납은 강도가 약해서 전단력으로 절단될 수 있고 손으로도 모양을 낼 수 있다. 납은 지붕에 사용되는데, 특히 다른 금속으로 기계적으로 만들기에는 너무 고되거나 비용이 많이 들 부분들에 사용된다. 하지만 납에는 독성이 있어서, 납의 마멸은 먹이사슬 속에 독성이 축적되는 결과로 이어진다.

알루미늄
Aluminium

알루미늄은 총 밀도가 낮으며, 따라서 경량의 금속이다. 그것은 중량의 감소와 내후성이 중요한 곳마다, 특히 파사드 요소들에 사용할 수 있다. 심지어 자연적으로 생기는 산화층조차도 알루미늄을 내후적으로 만들며, 기술적인 산화(양극처리)는 이 산화층을 보강하고 색상을 도입할 수 있다.

항복
Yielding

온도에 의존하는 금속의 한 특정속성을 항복이라고 부른다. 금속들은 자체에 작용하는 힘들에 대해 하중지지능력의 갑작스런 상실을 수반하는 소성변형으로 반응한다. 비록 금속들이 불연성이긴 해도, 항복이 뜻하는 건 그것들을 불로부터 효과적으로 보호해야 한다는 점이다.

\\중요:
하중지지 금속단면들은 불로부터 보호해야 한다. 방화피복이나 특수페인트를 이런 목적으로 사용하는데, 그런 페인트들은 화재 시에 거품이 일며 하나의 보호막을 생성한다.

추출
Extraction

금과 은, 백금과 같은 귀금속들만이 자연에서 그 순수형태를 보이는 낮은 반응적 능력을 갖고 있다. 다른 모든 금속들은 탄소나 산소, 황의 화합물 속에 있는 광석으로서 현존하며, 생산에 앞서 이런 것들과 분리되어야 한다. 광석 채굴 시에 그 풍경에 가해지는 손상과 광석에서 금속을 추출할 때 필요한 에너지의 양은 높은 수준의 환경오염과 비용을 일으킨다. 따라서 금속을 사용하는 비용과 혜택은 정당한 주의를 기울여 가중치를 매겨야 한다. 반면, 금속의 재사용은 매우 큰 진보를 이뤄왔다. 금속들을 재료 생애주기 속에서 시도해보면 그것들의 환경적인 영향이 향상된다. 〉 '재료 요건' 장의 '환경오염' 참고

부식
Corrosion

기판 금속들은 대기 중의 기체와 수증기에 반응한다. 두 금속이 닿을 때에는 바람직함의 여부와는 상관없이 부식성이 더 큰 금속이 덜한 금속에 전자들을 건네줄 것이며, 부식성이 더 큰 금속에만 부식이 일어난다. 부식된 층은 자체적인 색상을 가질 뿐만 아니라 물과의 관계에서 특정한 속성들을 가질 수가 있다. 알루미늄과 구리, 아연, 납과 같은 일부 금속들에서는 이것이 금속의 핵심을 둘러싸는 안정적인 보호 구조를 만들어낸다. 구리와 동과 같은 구리합금에서는 시간이 지남에 따라 회색 내지 녹색의 녹청(patina)이 때로는 불균일한 색상으로 형성된다. 〉 그림 54 방수성 참고 강재는 적갈색 녹의 보호막을 만들어내는데, 이것은 주변공기가 너무 습하지 않을 경우에만 지속된다. 〉 그림 49 왼쪽 참고 이미 녹청이 형성된 시트 금속을 시장에서 이용할 수가 있으므로 이러한 녹청을 의도적으로 활용할 수 있다. 보통의 철은 안정적인 보호막이 아닌 녹을 형성한다. 따라서 공기 및 물과의 접촉과 부식을 막기 위해 페인트나 가루코팅들이 사용된다. 이는 그것의 특수한 효과를

그림 51:
교량용 하중지지구조

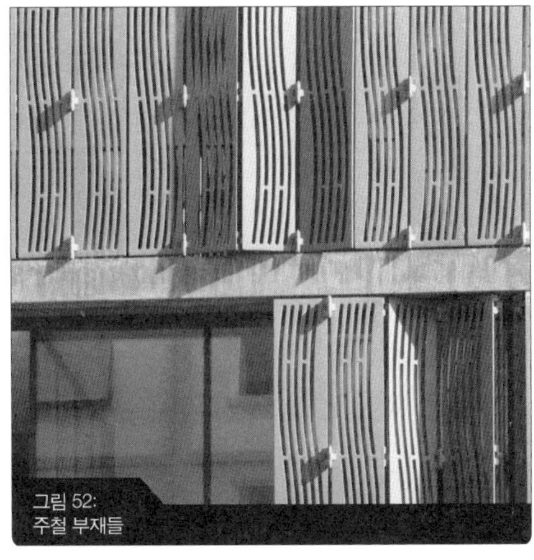
그림 52:
주철 부재들

상실한다는 뜻일 수가 있다. 아연도금(galvanization)은 금속적인 외관을 복원하는 보호용 금속코팅을 제공한다.

성형과정
Shaping processes

우리는 열간성형(hot shaping)과 냉간성형(cold shaping) 과정들을 구분한다. 냉간성형에서는 금속격자 내부의 원자구조가 재배열되기 때문에, 금속의 강도가 증가한다. 롤러성형(rolling)은 간단한 시트들을 만들어낸다. 상업용 강재 거더들과 성형된 금속시트들을 롤러에 넣고 몇 단계에 걸쳐서 원하는 형태로 성형한다. 압출성형(extrusion)은 단면이 복잡한 부재들을 만들어낸다. 여기서 대개 알루미늄이나 여타의 비철금속으로 된 견고한 금속 막대를 고압력 하에서 하나의 판형으로 통과시켜 밀어낸다. 연신성형(drawing)은 와이어와 봉을 만들어내며, 따라서 철근콘크리트를 위한 구조용 강재도 생산한다. 망치와 모루를 활용하는 단조성형(forging)은 냉간이나 열간 성형이 모두 가능하다. 주물부품들과 복잡한 구조용 연결부재들은 음각주형 속에서 주조된다. 주석과 구리 합금들은 특히 섬세한 주물부품들을 생산하는 데 적합하며, 주강(cast steel)은 강재와 목재 구조에서 높은 하중들을 견디는 데 필요한 복잡한 연결부재들에 적합하다.

기계적 과정
Mechanical processes

기계적 과정들에는 폭넓은 범위의 부스러기생산(깎아내면서 부스러기들을 생산하는 과정) 기법들이 포함되는데, 드릴천공(drilling), 절삭(milling), 샌드페이퍼 갈기(sanding), 선반세공(turning), 샌드블라스트기법(sandblasting), 줘음질(filling), 톱질(sawing) 등이 그 예다. 휨(bending)과 테두름(edging), 타출(stamping), 가장자리 뜨기(welting)는 새로운 형상들을 기계적으로 생산해낸다. 성형 및 기계적 처리는 타출시트와 금속라스, 금속메시 등의 반-가공 금속제품들과 여타의 많은 제품들을 생산할 수도 있다. 〉그림 50 참고

연결재
Connections

금속부품들은 일시적으로나 영구적으로 연결할 수 있다. 나사와 못, 리벳, 핀, 가장자리 장식(welt), 클램프는 일시적인 연결재들이다. 영구적인 연결재들은 다양한 용접기법과 납땜 및 접착을 통해 만들어진다.

구조
Constructions

금속은 고도로 효율적이기 때문에 매우 세장한 형태로 사용할 수 있다. 금속에는 압력을 가하거나 긴장을 줄 수 있다. 철금속들은 그 강도 때문에 일반적으로 구조용 단면에 사용된다. 주철은 주형의 자국을 그대로 옮기며 매우 높은 압축

\\ 참고:
금속의 재사용성을 향상시키려면, 구조들을 비금속 건물재료들로부터 해체하고 분리하기가 쉬워야 한다.

부하에 저항할 수 있는 반면, 강재는 구조적이고 설계적인 목적을 위해 주조하기가 더 쉽고 탄성도 더 크다. 〉그림 52 참고 강재 부재 및 구조들의 외관은 힘의 흐름을 매우 잘 표현할 수 있다. 여기서는 기판과 베어링이 특히 중요하다. 그것들은 힘의 전달을 보여주는데, 특히 하중을 지지하는 재료가 변할 때 그러하다. 〉그림 51 참고

파사드 외장재
Facade cladding

한 영역을 덮으면서 내후성을 보장하는 데 필요한 재료의 두께는 매우 작다. 사용되는 시트 금속은 한 외피를 간단하게 형성한다. 여기서는 그 금속이 피복재이자 내후성 장치다. 강재나 알루미늄으로 된 자립식 파사드 부재들은 평탄하게 생산할 수 있지만, 재료와 중량을 절약하기 위해 대개는 각이 지거나 볼록한 형상이 부여된다. 구리와 티타늄아연과 같은 고탄성금속들은 냉간성형이 가능하기 때문에 파사드 외장재에 흔히 사용된다. 그 시트들은 평탄하게 사용될 때 현장에서 가장자리 뜨기(휜 겹침)가 가능하고, 그 때는 거의 모든 표면형상이 가능한데다 가장자리를 띄운 형태로 그 형상을 따른다. 〉그림 53 참고

금속을 파사드 외장재로 사용할 때는 건물 내부에 빛을 받아들이기 위한 용도로 그것을 금속라스나 기포금속, 혹은 금속메시의 형태로 설계할 수도 있다. 금속의 광택은 재료의 특정한 속성들을 강조하기 때문에 하나의 역할을 할 수 있고, 빛을 공간 깊숙이 전하는 데에도 활용할 수 있다.

그림 53:
티타늄아연 외장재

그림 54:
구리 녹청

그림 55:
플로트유리, 주조유리, 가압성형유리로 된 파사드

2.11 유리

투명한 건설재료인 유리는 건축에서 핵심적인 역할을 수행하는데, 그 보이지 않는 특성은 그것이 건물의 재료특성을 거의 해소할 수 있음을 의미한다. 유리는 효과적으로 공간을 결정하면서도 자연광에 대한 인간의 기본적인 수요를 충족시킨다.

속성
Properties

모든 재료들이 그렇듯이, 유리도 복사열을 흡수한다. 이는 태양광 스펙트럼의 보이지 않는 부분에서 일어나며, 그렇게 유리에 빛이 투과하는 걸로 보인다. 유리는 제조 시에 빠르게 식기 때문에, 하나의 결정구조가 형성될 수 있다. 따라서 그것은 무형의 건물재료다. 유리는 치밀하고(2490kg/㎥), 단단하며, 깨지기 쉬운데다, 내마멸성과 높은 압축강도를 갖는다. 유리는 너무도 깨지기가 쉽고 그 표면장력은 물의 표면장력과 유사하기 때문에, 인장 및 휨 하중이 작을 때에는 견딜 수 있다. 유리의 표면 역시 깨지기가 쉬워서 그 표면에 금을 그은 다음 그 금을 따라 깨뜨릴 수 있다.

구성
Composition

규사(quartz sand)는 유리의 기본적인 원료다. 일반유리라고도 불리는 단순한 건물유리는 이산화규소와 산화나트륨, 산화칼슘으로 만들어진다. 그 특정한 구성이 유리의 속성들을 결정한다. 〉표 7 참고

플로트유리 과정
Float glass process

건물에 사용되는 유리는 대개 플로트유리 과정을 통해 만들어진다. 유리는 용융주석이 담긴 그릇 위에서 부유한다. 상대적으로 가벼운 액상유리(molten glass)는

\\ 참고:
유리는 무기물질로 구성되며, 무형이다. 유리는 플라스틱(66쪽 참고)의 많은 속성들을 공유하며, 유리의 제조는 금속(57쪽 참고)의 제조와 유사하다.

\\ 참고:
유리의 치수는 그 강도를 따라서가 아니라 깨질 수 있는 가능성의 관점에서 결정되기 때문에, 실제로 과한 치수로 결정된다.

표면 위로 떠오르고, 표면에서 유리는 천천히 식어서 고체화된다. 이 과정에서 유리는 완전히 평탄한 수면으로부터 천천히 들려나온다. 액상유리의 흐름은 끝없는 시트를 형성하며, 이것은 즉시 운송을 위해 최대 7.5m까지의 길이로 절단된다. 이런 방식으로 생산되는 유리는 고도의 표면특성을 가지며, 더 많은 처리를 하기에 특히 적합하다.

가압성형/롤러성형 유리
Pressed/rolled glass

유리는 롤러나 가압기를 통해 성형할 수도 있다. 롤러성형 유리는 치장적일 수 있고 장식이나 구조를 가지며, 망입요소를 갖춘 안전유리나 형판유리(figured glass)일 수도 있다. 이런 제품들은 U형의 단면을 갖고 있으며 자립식으로 설치가 가능하다. 그것들을 수직으로 설치할 경우 끝없는 유리 띠가 만들어질 수 있다.

주조유리
(Cast glass)

주조과정에서는 액상유리를 하나의 주형 속에 부어서 경화시킨다. 유리벽돌들은 함께 가압 성형한 2개의 유리 반쪽 셀들로 구성된다. 이런 벽돌들은 조적처럼 이을 수 있다. 〉그림 55 참고

기포유리/유리섬유
Foam glass/ glass fibres

고품질 가압방수 투명단열재들을 유리나 재활용유리의 발포과정을 통해 만들 수 있다. 유리섬유들은 빛을 투과하고 보강을 위한 많은 버전들로 생산된다.

유리마감
Glass finishing

시공에 사용하기 전에 유리는 종종 필요한 만큼 더 많은 처리를 거치는데, 예를 들면 열처리나 표면코팅, 혹은 박판화를 거친다. 열처리는 특정한 표면장력을 만들어낸다. 그 결과 만들어지는 강화안전유리는 깨질 때 날카로운 모서리를 나타내지 않는다. 열처리한 유리는 강화안전유리보다 더 큰 단편들로 깨진다. 에나멜처리(표면상에서 유리가루 녹이기)나 융화(유리단편들 위에서 녹이기), 흐릿한 처리, 혹은 스크린 인쇄를 통해 부분적으로 투명하거나 반투명한, 혹은 불투명한 표면들을 만들어낼 수 있다.

표 7:
유리의 유형과 용도 예시

유리 유형	변화된 구성	효과	용도
붕규산유리	산화붕소 추가	열저항성	방화유리
석영유리	이산화규소 추가	열저항성, 높은 투과	에너지획득체계
납유리	이산화납 추가	높은 빛 굴절	렌즈, 장식유리
맑은 유리	산화철 추가	특히 색상중화적인 유리	파사드
색유리	산화철 추가	녹색조에서 청색조	장식유리
	산화크롬 추가	밝은 녹색조	장식유리
	산화구리 추가	적색조	장식유리
	산화코발트 추가	깊은 청색조	장식유리
	산화은 추가	노란색조	장식유리

\\ Tip :

빛의 굴절과 눈부심 방지 효과들은 대개 유리 자체만으로 충족되지 않지만, 유리의 재료적 효과에는 중대한 기여를 한다. 온실효과는 유리 자체가 하나의 에너지획득체계가 될 수 있다는 걸 의미한다.

반-가공 유리제품
Semi-finished glass products

적층안전유리와 단열유리는 다양한 유리 유형들을 조합하여 생산된다. 적층안전유리의 경우는 몇몇 유리 층들을 플라스틱 막으로 함께 결합한다. 이로써 깨지더라도 하중지지능력이 남기 때문에 방탄수준에 이르기까지 정역학적인 목적에 유용한 유리이다. 단열유리는 2개 이상의 유리를 결합하는데 그 사이의 간극이 유리의 열전도성을 상당히 줄여주며, 특히 불활성기체들로 채워질 때 그러하다. 코팅을 통해 복사열을 반사할 수 있는데, 태양열 조절유리는 태양복사열의 일부를 바깥쪽으로 반사하고 단열유리는 주변온도를 유지한다. 방음 및 방화 기능을 늘리기 위한 특수유리들을 사용할 수 있으며, 적응성유리(adaptive glass)들은 그 환경에 적응한다.

유리 고정
Glass fixing

인장력과 휨 하중들을 피하기 위해 긴장 없이 유리를 정착시키는 게 중요하다. 그것은 가압이나 결합을 통해 한 줄로 지지될 수도 있고, 어떤 지점에서는 쐐기 박기(choking: 골조 속의 쐐기)나 스파이더 부재(유리 낱장들을 결합하기 위한 다리가 여럿 달린 부재)들, 혹은 클램프들로 지지할 수도 있다.

그림 56:
투명한 파사드

그림 57:
반투명한 파사드

투명성과 반사
Transparency and reflection

유리의 투명성은 언제나 그것을 가능한 한 조심성 있게 고정하려는 바람과 함께 전경에 위치하기 때문에, 전체적인 하중지지구조가 시각적으로 해소된다. 전형적인 지주-횡목형의 파사드는 유리로 시공하거나 케이블 시스템으로 대체할 수 있다. 〉 그림 56 참고 하지만 사실 유리로 건축의 물질성을 없애기란 불가능하다. 눈으로 볼 때 한 공간의 깊숙이 그늘진 영역들이 외부공간과 동일시될 수가 없기 때문이다. 〉 12쪽 참고 밤낮의 리듬은 이런 관계가 언제나 건물마다 다르게 가중치가 매겨진다는 걸 의미한다. 건물의 한쪽만 반투명한 지점까지는 보다 어두운 쪽에서 느끼는 지각이 더 낫다. 반대쪽 유리면은 그 주변을 반사하기 시작한다. 반사 유리표면들은 의도적으로 만들 수도 있다. 그렇다면 건물들은 효과를 적게 내거나 하늘에 불분명하게 섞여 들어간다. 거울표면들은 관찰자들을 불안하게 할 수가 있는데, 관찰자들이 자기도 모르게 감시될 수 있다고 느끼기 때문이다.

투명성과 층화
Translucency and layering

부분적으로 투명한 재료들은 그림자 효과를 만들기 때문에 낮과 밤의 관계가 생기는 불균형을 해소할 수 있다. 그런 경우 파사드는 야외공간에서 건물의 기능을 흔적처럼 찍어 보여주게 되는데, 어떤 움직임도 지각되기 때문에 그 건물이 어떻게 사용되는지를 볼 수가 있다. 그 이면의 재료는 하나의 층화된 구조로서 명백히 드러나며, 질감과 설계의 관점에서 그 재료의 모든 속성들을 보일 필요는 없다. 건물을 통과하는 개략적인 시야는 관찰자들의 기대를 불붙이며, 이런 기대가 차후에 맞을 수도 있고 안 맞을 수도 있다. 오직 빛만이 통과하게끔, 즉 건물이 반투명하게 보이도록 건물을 관통하는 시야의 한도를 줄일 수가 있다. 이는 빛이 반짝이는 재료들의 표현적인 특성과 더불어 공간적인 인상을 강화한다. 〉 그림 57 참고

그림 58:
유리반사

그림 59:
투영면으로서의 유리

그림 60:
플라스틱의 다양한 용도(필름, 가공시트, 시트)

2.12 플라스틱

플라스틱은 건설의 역사에서 가장 최근에 등장한 재료 군이다. 고무와 같은 천연원료로부터 이루어진 플라스틱의 개발은 19세기 중반에 시작했지만, 건축에서의 플라스틱 사용이 정점에 달한 것은 1960년대의 미래주의적 설계 때부터였다. 플라스틱은 재료가 가진 기술적인 결함 때문에 1980년대까지는 명성이 좋지 않았으나, 현재는 그런 결함이 대개 극복되었다. 플라스틱은 많은 건물부재들에 사용되는 최신재료이며, 기술적인 재료로서의 역할을 조심히 하고 있다.

속성
Properties

비록 플라스틱의 속성들은 상당히 다양하지만, 거의 모든 플라스틱에 공통되는 속성이 있다. 그것은 총 밀도와 열전도성이 낮고, 열팽창계수가 높으며, 인장강도가 높은데다, 물과 많은 화학물질들에 저항한다는 점이다. 장기적인 사용온도와 관련된 제약사항들도 있는데, 그 온도가 너무 높으면 강도가 줄어들고, 너무 낮을 경우에는 깨지기가 쉬워진다. 플라스틱은 고분자구조에 따라 세 가지 부류로 구분할 수 있다.

열가소성 플라스틱
Thermoplastics

열가소성 고분자들은 화학적 결합을 형성하지 않은 채 자체적으로 뒤얽힌다. 온도가 올라갈수록 그것들은 탄성을 갖게 되고, 그 다음에는 녹기 시작한다. 그러한 탄성은 폴리에틸렌(PE)이나 PVC, ETFE 띠로 된 밀봉 및 보호 띠들, 혹

\\ 참고:
플라스틱은 유기화합물이지만, 정의된 구조적 구성이 없다. 플라스틱은 섬유에 중요한 원료이며, 성형되는 방식 면에서 금속(57쪽 참고)과 유사하고 구조 면에서는 유리(62쪽 참고)와 유사하다. 또한 목제품들(36쪽 참고)과 유사하게도 작업이 가능하다.

\\ 참고:
플라스틱은 때때로 상업적인 명칭이나 그 구성의 디테일, 혹은 구성과 제조에 따른 약자로 알려져 있다. 그 약자들은 비교하기 위한 가장 빠르고 간단한 방식을 제공한다.

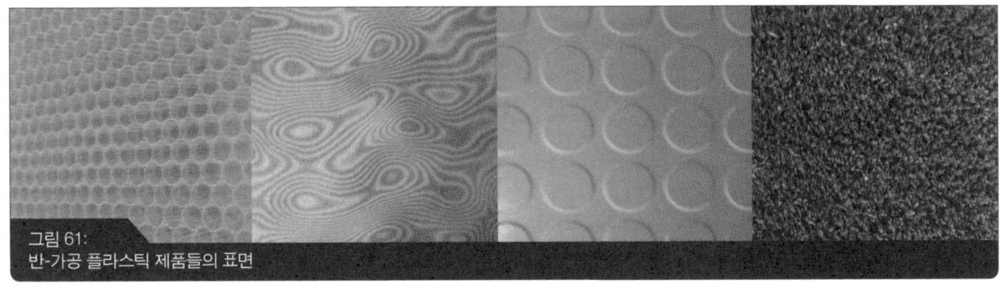
그림 61:
반-가공 플라스틱 제품들의 표면

은 바닥재에 유용하다. 〉그림 60 왼쪽 참고 PMMA(아크릴유리)와 같은 무형의 열가소성 플라스틱은 투명하고 단단하며 깨지기가 쉽다. 〉그림 60 왼쪽 참고 뒤얽힌 구조일 뿐만 아니라 결정구조도 갖는 폴리카보네이트(PC)는 더욱 강하지만 반투명만 가능하다. 열가소성 플라스틱의 강도와 경도는 발포(foaming)를 통해 공기의 체적을 최대로 올림으로써 그 단열속성을 증가시키는 데에 사용되는데, 예를 들면 폴리스티렌(XPS/EPS)이나 폴리우레탄(PUR)의 경우가 그렇다.

열경화성 플라스틱
Thermosets

열경화성 플라스틱은 3차원적인 교차연결 구조를 갖는다. 그것들은 고온의 압력 하에서 화학첨가제(경화제)들을 활용하여 생산된다. 특히, 그것들에는 방지코팅과 결합재에 사용되는 에폭시수지(EP)가 포함된다. 유리나 탄소, 혹은 아라미드(aramid) 섬유들과 결합되면 열경화성 플라스틱은 하중지지구조에 고도로 효율적인 재료들을 만들어낸다.

엘라스토머
Elastomers

엘라스토머는 교차 연결된 저밀도 분자사슬들로 구성된다. 고무는 바닥재와 단열 띠에 사용되는데, 그것이 잘 닳고 화학물질에 저항하는데다 그것의 탄성적인 속성들이 차음기능을 제공하기 때문이다. 규소수지(SI)는 비록 그 구조가 탄소보다는 규소에 기초한다고 해도 엘라스토머와 유사하게 거동한다. 규소수지는 높은 온도 안정성 때문에 실내외에서 선호되는 밀봉재이자, 파사드 줄눈 매스틱으로서 적합하다.

생산
Production

플라스틱은 일반적으로 광물기름으로부터 생산되지만, 재생 가능한 원료들로부터 만들 수도 있다. 먼저 하나의 기본적인 재료가 대개는 미립자형태로 생산되고 나서, 반-가공 제품으로 주조된다. 플라스틱은 그것들에 개별적인 속성들을 부여하기 위한 첨가제들을 사용하여 산업적으로 준비할 수 있으며, 다양한 색상으로 생산할 수 있다.

성형방법
Shaping methods

성형방법에는 (가압기 속의 꼭지가 성형하는) 압출성형(extrusion)과 (고온의 압력 하에서 주형 속으로 밀어 넣는) 사출성형(injection moulding), 캘린더링(롤러성형과 타출성형), 확장(expansion) 및 발포(foaming) 등이 있다. 압출기들은 거의 무제한적으로 복잡한 단면들을 갖는 다중격실시트(multi-chamber sheet)들이나 단면들을 생산할 수 있다. 〉 그림 60 참고 중앙 평탄한 띠와 시트들은 롤러로 성형되어 나오며, 그 표면들에는 타출성형이 가능하다. 일부의 시트들은 마음속에서 구성하고 성형하는데, 넓은 경간의 골진 시트들이 그런 예다. 바닥재들은 미끄럼 저항성을 높이기 위해 특수한 표면처리를 할 수 있다. 〉 그림 61 중앙 오른쪽 참고 사출성형은 설계적인 면에서 상당한 자유를 허용한다. 물론 염두에 둬야 할 것은 경화 후에 그 제품을 주형에서 제거해야 한다는 점이다. 이런 식으로 손잡이뿐만 아니라 구조용 시트를 비롯하여 많은 주물부품들을 생산할 수 있다. 〉 그림 61 왼쪽 참고

사후처리
Post-processing

열가소성 플라스틱에 대한 한 가지 특수한 기법은 열성형(thermoforming)인데, 이는 심교(deep drawing, 深敎)라고도 알려져 있다. 여기서 열가소성 플라스틱은 특수한 더미 위에서 가열 혹은 가압되거나, 진공 속에서 잡아 늘임으로써 성형된다. 〉 그림 60 오른쪽 참고 넓은 영역을 설계할 때 쓰이곤 하는 자유 형태들은 컴퓨터보조 3차원 절삭을 통해 발포플라스틱으로 만들어질 수 있다. 그런 제품들은 고체 피복재들을 위한 바탕재로 사용된다. 〉 그림 63 참고

줄눈이음
Jointing

평판시트들은 유리의 낱장들처럼 장착된다. 〉 62쪽 참고 만약 시트들이 성형되었다면, 그 모서리는 대개 시트들이 한 축 상에서 보이지 않게 다른 시트 밑으로 이어지게끔 성형된다. 골진 시트들은 중첩을 통해 보수층(water-bearing layer)을 형성한다. 〉 그림 60 중앙 참고 띠와 막들은 접착이나 경화, 혹은 용접을 통해 이을 수 있다. 중첩부위들이나 용접된 가장자리들은 표면 위로 돌출된다. 〉 그림 60 왼쪽 참고 용접은 온

그림 62:
폴리카보네이트 파사드

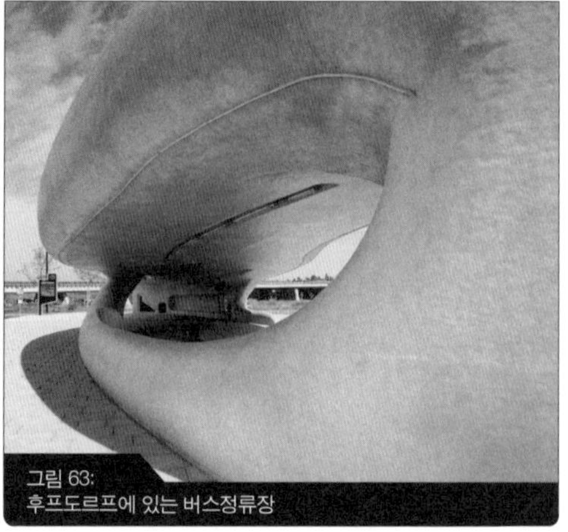

그림 63:
후프도르프에 있는 버스정류장

도를 높이고 압력을 가함으로써 거칠게 할 수 있지만, 고주파용접에서처럼 긴밀하게 통제할 수도 있다. 그 결과에는 대개 금속 클램프들이 주어진다.

재활용
Recycling

플라스틱의 일차적인 에너지 함량은 대개 낮으며, 다른 건물재료들과 비교했을 때의 내구성도 그러하다. 특히 균질적으로 사용되어온 열가소성 플라스틱은 깨끗이 세척한 후에 재활용할 수 있다. 하지만 가장 흔한 재활용 유형은 에너지의 생산을 위해 소각하는 것이다.

2.13 섬유와 멤브레인

인간의 문화는 최초의 시기부터 섬유구조들을 알아왔다. 텐트는 유목민들의 이상적인 거처였다. 텐트는 옮기기가 쉬웠고, 짧은 기간 내에 설치하고 해체할 수 있었으며, 만들기도 쉬웠다. 섬유, 그리고 특히 카펫은 이런 문화에서 방을 정의하는 가장 간단한 방식이 되었다. 섬유는 비록 다른 용도일지언정 오늘날의 건물에도 여전히 사용된다.

생산
Production

섬유를 뜻하는 'textile(텍스타일)'이라는 용어는 라틴어에서 유래하며, 사용되는 재료와는 상관없이 직조되거나 엮이는 걸 의미한다. 사용되는 원료들이 하나의 2차원적 구조 내에 배열되는 섬유들은 직물(woven fabric)로 알려져 있다. 섬유들이 서로 엮이는 무질서한 균질적 구조들은 펠트(felt)와 플리스(fleece)로 알려져 있다. 그것들은 3차원적인 구조로 인해 시공에도 적합한데, 예를 들면 한 구조의 부품들을 분리하거나 차음기능을 제공하는 데에 적합하다.

사용되는 기초재료
Basic materials used

실로 방적되는 천연섬유들은 섬유에서 가장 통상적인 기초재료들이다. 촉각적 속성과 습기저항성이 특히 중요할 경우에는, 무명(cotton)과 모직(wool)이 주된 원료들이다. 섬유가 특히 내구적이어야 할 경우(예: 바닥재용)에는, 코코넛(coconut)이나 사이잘(sisal)과 같은 보다 거친 섬유들이 활용된다. 이런 천연섬유들은 곰팡이나 박테리아, 곤충들로부터 피해를 받을 수 있다. 인공섬유들은 대개 더 질기며, 폴리에스테르나 나일론으로 만든 섬유들은 특히 질겨서 잘 찢어지지 않는다. 코

그림 64:
다양한 섬유

\\ 참고:
섬유와 멤브레인은 하나의 정의된 구성이나 구조를 갖지 않는다. 그것들은 천연섬유나 플라스틱(66쪽 참고), 혹은 금속(57쪽 참고)으로 만들 수 있다.

\\ 참고:
모든 섬유들은 그 속성을 향상시키기 위해 화학 처리되거나 코팅된다. 하지만, 이런 막들에는 독성물질이 들어있을 수 있다. 섬유의 라벨이 생산과정에 관한 어느 정도의 투명성을 제공할 수 있다.

팅을 하면 방수가 가능하지만 수증기의 확산에는 여전히 취약하다. 섬유들은 강재나 구리 등의 금속와이어로 만들 수도 있다. 이런 섬유들은 매우 강력하며, 고도의 반투명성을 갖추며 직조될 수 있다.

속성
Properties

섬유는 부드럽고 따뜻하며 감촉이 좋다. 섬유는 제작방식과 기초재료로부터 그 속성을 획득한다. 섬유의 기본 기능이 심미적 기능이 아닐 경우, 그 섬유는 기술적인 섬유로 알려진다. 그런 섬유는 한 영역을 기후로부터 보호하는 데에 사용할 수 있지만, 오직 인장력만을 견딜 수 있다.

이음
Joining

섬유는 대개 함께 바느질된다. 가장자리는 예술적으로 처리되거나, 그 색상을 강조하거나, 아니면 반대쪽에서 감침질할 경우 특히 드러나지 않는 표현을 할 수도 있다. 섬유가 늘여지는 표면의 기능을 하려한다면, 그 지지체는 선형이어야 한다. 점으로 된 지지체들은 약점들이기 때문에, 발생되는 힘을 넓은 영역에 걸쳐 분산시켜야 한다. 이런 목적으로 육안과 침과 보강재들을 사용할 수 있다. 힘들을 분산하는 데에 스트랩(strap)이나 가이(guy)를 사용할 수도 있다. 섬유는 다양한 방식으로 전개될 수 있지만, 아래에서 나열하는 섬유들이 아마도 가장 흔할 것이다.

멤브레인
Membranes

반투명 멤브레인은 매우 적은 재료를 사용하지만 양호한 내후성을 제공하고 일광조절에도 적합하다. 그것은 특히 인장력을 받는 2차원 구조 형태로 된 가

그림 65:
멤브레인과 섬유의 다양한 용도 (햇빛, 시야, 눈부심의 차단막)

설구조물에 대해 좋은 효과를 보인다. (직각을 이루는) 날실과 씨실을 통해 힘들을 분산할 수 있는 직물들이 특히 이런 용도에 적합하다. 플라스틱 필름은 섬유의 대안으로 사용할 수 있다. 멤브레인 구조들은 전반적으로 인장력을 발생시키기 위한 3차원 곡면 기하형상들을 요구한다. 서로 반대로 가로지르는 곡선들(예: 안장형태나 쌍곡포물면 형태)은 추가적인 구조가 없이도 멤브레인을 안정하게 만든다. 〉그림 66 참고 하지만 멤브레인은 언제나 극도로 굽어진다. 선들이 직선으로 유지되면, 인장력이 거의 무한히 치솟거나 인장력의 감소로 인해 멤브레인이 펄럭이게 되곤 할 것이다. 따라서 하중분산에 대해서는 오로지 소수의 점들만을 정의해야 한다. 한편 돔이나 원통형처럼 같은 방향으로 휘어있는 곡면들에는 점과 선들을 지지한 다음 그 형태를 결정하는 이차적인 구조가 필요하다. 〉그림 67 참고

적응성 구조
Adaptable structures

멤브레인은 중량이 낮기 때문에 접기(folding)나 팽창(expansion)의 메커니즘이 접히는 멤브레인의 체적에 대응해야 하는 지붕과 같은 적응성 구조에도 아주 적합하다. 얇은 필름과 코팅한 유리섬유직물은 주름방지가 충분치 않기 때문에 이런 용도에 부적합하다.

다층 멤브레인
Multi-layered membranes

다층 멤브레인은 단열기능을 제공할 수 있기 때문에 정적인 구조물에도 사용할 수 있다. 〉그림 66 참고 여기서 그것은 2.7 내지 0.8 W/㎡의 단열등급을 얻는다. 하지만 그 체적에 지속적인 공기공급이 이루어지도록 공기의 누출은 허용해야 한다. 조절환기(regulated ventilation)를 통해, 이중이나 삼중의 멤브레인 구조들로 이루어진 조절 가능한 태양광 보호체계들을 만들어낼 수도 있다. 개별 멤브레인들에 이리저리 흔들리는 태양광 보호패턴들을 기입하면, 멤브레인의 체적변화는 이런 패턴들이 태양의 위치와 관계 맺는 방식을 조절한다. 〉그림 65 왼쪽 참고

실내마감
Interior finish

카펫과 펠트는 가장 흔한 바닥재에 속하는데, 촉각적인 경험과 실내음향 면에서 고도의 쾌적함을 제공하고 집을 더욱 편안한 느낌으로 만들기 때문이다. 좌석이나 손잡이를 덮는 데에 섬유를 사용할 경우, 그 하부구조는 재료의 부드러움과 따뜻함을 강조하기 위해 발포재료나 펠트로 만든 쿠션들로 덮인다. 섬유는 방이 안과 밖에서 보이는 정도를 조절함으로써 전반적인 건축적 효과를 완성하는 데 사용할 수 있는 유연한 붙박이 구조와 커튼으로 쓰기에도 적합하다. 〉그림 65 오른쪽 참고 그것들은 닫았을 경우 반투명한 표면을 제시하고, 열었을 경우에는 그 주름들의 떨어짐이 3차원적인 효과를 만들어낸다.

그림 66:
다층 멤브레인 파사드

그림 67:
섬유 원통형 지붕구조

3. 재료를 활용한 설계

설계는 지어지지 않은 무언가를 지어진 무언가로 발전시키는 걸 의미한다. 그것의 특별한 성격은 그 건물이 아직 존재하지 않는다는 점이다. 아무도 그 속에서 살 수 없고, 아무도 그걸 인식할 수 없다. 그렇지만 그것은 이미 스케치와 도면, 모델, 텍스트의 형태로 존재한다. 1층 평면과 정면 뷰, 형상과 색상, 표현과 분위기, 목재나 석재, 콘크리트나 강재 등 그 건물 전체가 우리 앞에 있으며, 고안되고 설계된다. 그것은 존재하면서도 아직은 존재하지 않는다. 건물은 재료와 뗄 수 없이 연결되어 있다. 그것의 재료특성은 설계단계에서조차 외견상으로 드러나는데, 때로는 어렴풋한 형태로만, 때로는 아주 정확하게 나타난다. 건축이 만들 효과를 결정하는 것은 그 재료다. 건축의 소임은 임무와 형태, 그리고 재료를 내재적으로 조화시키는 일이다.

설계전략
Design strategies

하지만 설계자는 어떻게 자신의 재료에 표현적이고 결론적인 형태를 부여하게 되는가? 기본적으로 두 가지 전략을 구분할 수 있는데, 재료를 설계의 시작점으로 삼을 수도 있고, 재료에 대한 모든 관념의 독립성을 상당히 유지하는 설계과정이 초기에 일어날 수도 있다. 그 재료들이 최초의 결정일 경우, 그 설계와 구조는 그것들의 속성과 중요성으로부터 출현한다. 〉 31/32쪽 참고 재료와 독립적으로 출현하는 설계는 나중에 재료적인 관점으로 변환되어야 하며, 이는 때때로 그 설계의 개작을 의미할 수도 있다.

3.1 일반조건

맥락
Context

설계와 재료는 언제나 특수한 하나의 맥락 속에 묶여 있으며, 설계과정 초기에 이러한 맥락을 탐구한다. 주변 환경은 가장 중요한 일반조건이다. 특히, 새

\\ 참고: 설령 최초의 스케치와 설계 아이디어들이 재료특성에 대한 어떠한 직접적 증거도 전달할 필요가 없다 하더라도, 완성된 설계도면들에는 언제나 재료들이 확정되거나 암시될 것이다. 재료특성을 감각적으로 경험하는 유일한 방법은 그 재료들을 직접 갖는 것이다. 생산업자들이나 가공업자들이 대개는 무료인 재료샘플들을 제공할 것이다. 따라서 경험은 재료들의 수집과 더불어 점차적으로 축적된다.

\\ 참고: 재료특성을 결정하기 위한 두 전략들을 모두 시도해볼 것을 추천한다. 이런 식으로 설계자들은 최초의 기초적인 재료관련 아이디어에서부터 어떤 특정한 재료를 염두에 두지 않은 채 떠오르는 추상적인 아이디어까지 아우르는 대역폭 속의 어딘가 쯤에서 자기만의 접근법을 찾게 될 것이다. 이는 설계에 대한 경직된 진술을 의미하지 않는다. 적절한 전략은 언제나 그 설계개요에 따라서도 달라진다.

로 놓일 건물 주위의 건물들과 그것들의 스케일, 비례, 그리고 물론 그것들의 재료특성까지도 중요한 일반조건이다. 기후와 날씨 등의 대지 특수적(site-specific) 조건들은 매우 중요하며, 가장 가까운 곳에서 자연스럽게 생겨나는 재료들도 마찬가지로 중요하다. 설계개요도 건물의 기능과 중요성, 공간프로그램, 건물에 쓸 수 있는 자금과 운영비 등에 관한 하나의 틀을 제시한다.

기존 건물
Existing buildings

설계개요는 종종 기존의 건물이나 건물들이 포함되는지의 여부를 명시하며, 이때 그것은 그 건물들의 구조와 시공, 재료특성들이 설계와 재료에 대한 모든 이후 결정들에 대한 시작점이 된다. 계획자들이 고려해야 하는 다른 일반조건들도 있는데, 교통과 사용자들의 요구조건, 계획 및 건축 법규, 혹은 특수한 기술요건 등이 그것들이다. 설계와 재료, 구조부재들에 대해 이루어지는 요구들은 이런 조건들의 합으로부터 도출된다. 건축가의 임무는 이제 선택된 각 재료의 속성과 한계들을 탐구하고 그것들을 하나의 응집된 구조로 변환하는 일이다.

예를 들어, 대지나 설계개요가 목조건물을 제안할 수도 있다. 이러한 유기재료가 습기에 노출되면 곰팡이와 박테리아의 성장을 촉진하여 목재에 손상이 갈 수 있다. 〉 '목재' 장 참고 야외에서 사용되는 목재는 날씨로부터 보호되어야 한다. 설계적인 의미는 그 목구조를 들어 올리든 단단한 기초 위에 두든 지반에서는 떼어 놓으라는 뜻이다. 〉 그림 68 참고 이때 목재에 적용되는 건축 및 방화 규정들을 준수해야 하는데, 예를 들면 목재는 가연성 재료이므로 비상탈출영역에 사용할 수 없다는 등의 규정들이다. 방화피복이 바람직하지 않거나 비용 상의 이유로 스프링클러를 설치할 수 없다면, 극단적인 경우에는 목재사용이 전혀 불가능할 수도 있다.

가변적인 일반조건
Changeable general conditions

많은 특수요건들이 변화할 수 있으며, 언제나 모순이 없는 게 아니다. 한편으로는 방화처리에서처럼 안전고려사항들이 계속해서 늘어가고 있고, 생태적 자각 또한 늘어가고 있다. 사용자들은 보다 큰 쾌적함을 요구하고, 유지관리와 공기조화의 수요가 적은 보다 내구성 있는 재료들이 추구된다. 반면 건물재료들은 교통이 편리하므로 더 이상 지역원료를 구해야 할 필요가 없다. 지역적인 정체성들은 사라져가는 중이고, 재료선택에 무작위적인 특성이 침투해 들어간다. "무엇이든 좋다(anything goes)" … 〉 '재료 요건' 장 참고

설계자들은 다양한 일반조건들의 가중치를 세심하게 매겨야 한다. 그들은 기술개발과 사회적 요구조건들이 미래에 건물을 어떻게 변화시킬 것인가의 의미를 발전시켜야 한다. 하지만 새롭고 혁신적인 재료와 시공법, 기술들은 점차 관리가 불가능해져가는 이 미디어사회에서 모든 걸 중요하고 친숙한 것들로 환원시켜야 할 필요가 있다. 그리고 이것은 모든 걸 더 다루기 쉽게 만든다. 이러한 두 가지

그림 68:
기둥의 석재기초(일본식 목구조)

그림 69:
목재로 표현된 지역적 맥락

의 반대되는 극들이 유익한 '방호책'으로서 그 길을 보여줄 수 있으며, 설계자들은 자기만의 위치를 향해 나아가면서 그것의 적절성을 시험하고 싶어 하기 때문에 이러한 방호책이 그들 작업의 기준척도가 될 수 있다. 이는 건축을 실재와 가까우면서도 미래를 향하는 방식으로 정확하게 정식화하는 데 도움을 준다.

3.2 재료에 기초한 설계

전통과 입지
Tradition and location

역사적인 건물에서는 대체로 건축부지의 인접환경에서 자연스럽게 일어난 일에 기초하여 재료를 선택해왔고, 이것이 그 설계의 실현가능 여부를 결정했다. 따라서 지역건축의 전통들은 토속재료들과의 밀접한 관계 속에서 발달했다. 지역재료의 가용성과 소수의 가용한 재료들을 활용하는 오랜 경험이 그 접근법을 형성해왔다. 오늘날에는 운송거리가 전혀 중요해보이지 않지만, 지역적인 시공법들은 지역성 및 지역권과의 연관성, 주변과의 조화를 전달하기 때문에 계속해서 매우 중요한 역할을 하곤 한다. 삼림지대의 목조주택, 암반지대의 석조주택, 진흙이 많은 지대의 벽돌주택을 생각해보라. › 그림 69 참고

재료혁신
Material innovation

하지만 평범하지 않거나 완전히 새로운 재료가 설계의 시작점이 될 수도 있다. 이런 접근법은 결코 단순하지가 않은데, 왜냐면 처음부터 일반조건들, 예를 들어 어떤 특정재료의 전형적인 용도나 해당맥락에 대해 통상적으로 취해져온 도시개발 접근법 등을 완전히 잊어야 하기 때문이다. 언제, 그리고 어떻게 그 재료의 용도가 실용적인지에 대해 적절하게 주의 깊은 고려를 해야 한다. 예를 들면,

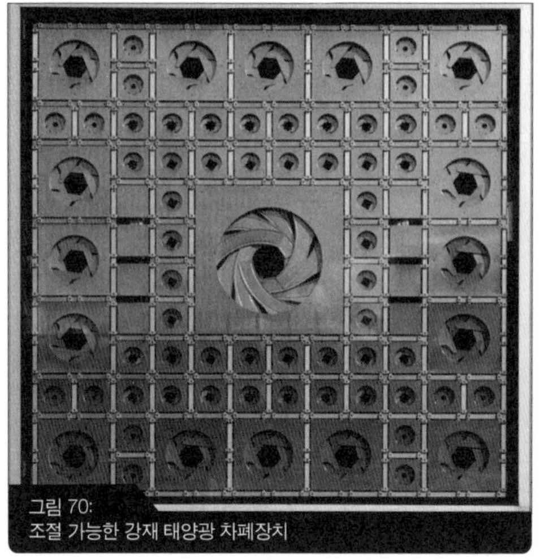

그림 70:
조절 가능한 강재 태양광 차폐장치

그림 71:
선형 목구조

새롭거나 건설부문에서 통상적으로 사용되지 않는 재료를 활용하여 새로운 수준의 쾌적성이나 내구성, 표면특성, 비용절감을 달성하는 게 가능할 수 있다. 초기에는 독특한 재료를 놀라운 방식으로 사용할 경우 특히 표현적일 수 있으며, 보다 통상적인 재료로는 얻을 수 없는 특별한 분위기를 만들어낼 수 있다. 〉 그림 70 참고 이런 방식으로도 지역성과의 연관성을 다루는 건 여전히 가능하다. 고전적인 형태와 혁신적인 재료가 함께 결합할 때 비로소 건축적인 분위기와 그림이 만들어지고, 이로써 한 건물의 재료들이 건물을 빛나게 한다. 따라서 가장 단순한 안장형 지붕 볼륨들이 빛나는 금속표면들이나 컬러패널 외장재들을 통해 독특한 방식으로 실현됨으로써 이 매력적인 미지의 측면을 전달하면서도 궁극적으로는 표현적일 수가 있는 것이다. 〉 그림 62 참고

3.3 재료를 통한 설계의 구현

재료화
Materialization

이미 언급했듯이, 설계는 재료와 독립적으로 발전시킬 수도 있다. 그 다음에는 재료들을 전개하는 방식이 종속적인 역할을 수행한다. 설계자는 우선적으로 형태와 공간연결, 내외부의 연계방식부터 고안한다. 공간은 지각적인 관념들의 관점에서 발전되는데, 공간과 그 효과를 만들어내는 영역들이 우선적인 고려사항이다. 그리고서 계획자는 설계가 이러한 기반에 미치는 영향을 뒷받침할 재료들을 선택한다. 설계에 재료특성을 부여하는 일은 어떤 경계를 넘어서기 위한 도전이고, 아이디어들을 더욱 정확하고 구체적으로 만들기 위한 도전이다. 의도는 재

그림 72:
훈련용 건물에 대한 스케치

그림 73:
훈련용 건물의 천장구조

료들을 정의함으로써 구체화된다. › 그림 72 참고 사물들은 현장감을 얻고, 점차 건물 내의 정확한 위치를 떠맡으며, 올바른 형상을 채택하게 된다. 재료들은 의미를 부여하고, 시각적인 인상과 냄새, 촉각적인 속성들, 음향들이 구체화된다.

설계와 재료의 대화
Dialogue of design and material

설계자는 재료들의 내재적인 속성을 탐구한다. 하중지지와 제자리고정과 관련한 내력들은 결합의 원리들을, 그리고 궁극적으로는 사물들 속에서 일어나는 일도 보여준다. 시공원리와 부재의 크기, 그리고 그 재료의 성격은 설계의 내적 논리를 강화하는 데 도움을 준다. 하지만 설계는 지성과 감성의 항시적인 상호작용이기 때문에 오직 당분간만 합리적인 쪽으로 기우는 것처럼 보일 뿐이다. 재료선택을 통해 설계를 이해하고 질서화하는 일은 새로운 정서와 아이디어들을 만들어낼 수 있으며 그 품질을 향상시킬 주된 기회들을 제공한다. 그 설계의 초안이 특정재료들의 속성들과 모순되진 않는지 점검해보는 게 유익하다. 예를 들어, 긴 선형의 디자인들은 방향성 재료나 섬유재료와 잘 어울리는 반면, 육중한 입체들은 광물재료들을 암시한다. › '건물재료의 유형분류' 장과 그림 71 참고 예를 들어 하중지지구조는 그 설계의 구조로부터 발전하고, 선택된 재료들은 그 표면들의 외관을 결정한다. 이로써 그것들은 협업하는 방식을 통해 원하는 효과를 달성한다.

최적화
Optimization

설계가 선택된 재료들에 대한 반응으로 그 속성들이 부과하는 제약들을 수용함으로써 품질과 특징을 얻는다면 유익한 일이다. 설계는 그 구조에 부과되는 수요들을 정식화하고, 재료선택에서의 모든 제약들을 파악한다. 예를 들어 실내공간의 외적 한계를 형성하는 건물단면들은 막중한 수요들을 충족시켜야 하는데,

풍화방지 및 방풍이 되어야 할뿐만 아니라 실내온도의 쾌적성도 보장해야 하는 것이다. 하중지지단면들은 안정적이어야 하고 그것들에 작용하는 모든 힘들을 손상 없이 분산시켜야 한다. 이런 수요와 여타의 수요들(비용 등)이 설계 이면의 아이디어를 시행하는 데 궁극적으로 사용될 수 있는 재료들의 범위를 제한한다. 재료에 대한 이런 종류의 접근법은 그 설계에 하나의 내적 논리를 부여한다. 〉 그림 73 참고

변형
Transformation

또 하나의 가능성은 설계를 통해 재료들을 개발하는 것이다. 한 재료의 속성들을 조정할 수 있는 가능성이 점차 늘어가는 중이고, 미래에는 재료들을 맞춤식 생산할 수 있다고 생각할 수 있다. 엔지니어들과 제조자들의 전문가적 지식과 더불어 작업하는 건축가들의 창의성은 새롭고 고도로 효율적인 재료들의 개발을 진전시킬 수 있다. 이는 설계의 레퍼토리를 풍부하게 해주고 건물의 품질을 향상시킨다. 혹은 그 현안들에 대해 적절히 충분할 만큼 생각해보지 않을 경우에는 무작위적인 선택으로 이어지고 기술적인 위험들을 숨길 수가 있다.

〉✎

3.4 설계 접근법

선택된 설계전략과는 상관없이, 재료들과 그것들의 정확하고 의미 있는 용도에 대한 결정은 설계의 질에, 그리고 궁극적으로 나타나는 건물의 질에 중대한 차이를 만들어낸다. 건축적인 맥락에서, 건물들은 반드시 자체적인 내재성을 띠지는 않는 특정 속성들을 취할 수 있다. 또한 건물들은 그 설계를 뛰어넘는 아이디어들을 전달할 수도 있고, 그것들을 통해 새로운 의미의 중요성을 얻을 수도 있다. 재료는 건축의 언어에서 중심적인 요소다. 재료의 어휘는 특히 재료특성에 적용되는 규칙들의 일부 집합들을 보여주는데, 이를 아래에서 더 상세하게 살펴볼 것이다.

(1) 단일체(조각적 효과, 물리적 현장감)

단일체적 건물
Monolithic building

단일체적 건물은 재료에 의존하는 설계원리다. 종종 제한된 범위의 재료들만이 지역적으로 가용하며, 때로는 모든 건물 수요에 단 하나의 재료만 사용될 수도 있다. 이집트의 피라미드, 로마의 판테온, 중세의 성들은 단일체이고 또 그렇게 보인다. 〉 그림 74 참고

단 하나의 재료가 사용될 경우, 그것은 그 건축의 진술을 지배한다. 근대건축에서 치장콘크리트 건물들은 '단일체' 라는 용어를 거의 직설적으로 해석한 걸로 보이는데, 그런 건물은 마치 '하나의 돌로' , 이 경우는 인공석재로 만든 것처럼 보인다. 〉 '콘크리트' 장 참고 단일체적인 인상은 벽돌과 같은 다른 재료를 통해서도

그림 74:
로마 판테온의 천장구조

그림 75:
리터박물관(Museum Ritter)의 커튼월 파사드

전달할 수 있으며, 〉 '도자기질과 벽돌' 장 참고 따라서 천연석재가 줄눈들이 분명한 균질적인 커튼월로 사용될 수도 있다. 〉 '천연석재' 장 참고 그 목적은 언제나 완전히 균질적인 공간적 효과를 만들어내는 것이다. 건축은 항상 하나의 의미 있는 전체를 만들려고 시도하며, 단일체적인 설계 접근법은 이것이 거의 자동적으로 일어남을 의미한다. 그 표면들과 내부구조는 동일하거나 적어도 그렇게 보이는 재료들로 이루어진다. 정말로 재료가 단 하나뿐이라면 그것만으로 그 건물이 충족시키려고 하는 수요들을 가능한 한 많이 충족시켜야 할 것이기 때문이다.

단일체적 인상
Monolithic impression

이러한 이상은 건물들에 대한 수요가 더욱 늘어가면서 점차 실현하기가 어려워지고 있다. 예를 들어 천연석재로 된 단단한 벽은 더 이상 오늘날의 쾌적성 요건들을 맞출 수 없을 뿐더러, 알맞은 가격에 조달하기도 거의 어려울 것이다. 따라서 그 표면과 내부구조는 더 이상 동일하지 않고 보통은 다른 부재들로 구성되곤 한다. 〉 '콘크리트' 장 참고 외부의 치장콘크리트 파사드는 단열재와 배관, 전선 및 기타 많은 것들을 감춘다. 각각의 요소는 그것만의 정의된 수행 역할이 있고 특히

\\ Tip :

설계에 재료특성을 부여하는 것은 우선 재료들을 집중적으로 연구한다는 의미다. 건설 산업에서 제공되는 재료들의 다양함과 견본제품들에 익숙해지는 건 가치가 있는 일이다. 관습적인 재료적용과 독특한 재료적용을 모두 살펴보고 그것들의 기술적이고 감각적인 속성들을 분석하는 작업은 점차 독립된 접근과 아이디어를 위한 기초인 하나의 개별입장에 대한 정식화로 이어진다.

그런 역할에 맞춰져 있는데, 예를 들면 지지나 보강, 단열, 혹은 밀봉과 같은 역할들이다. 심지어 넓은 면적의 천연외장석재와 벽돌, 플라스터, 그리고 내부의 석고보드는 줄눈을 아주 신중하게 혹은 자연스럽게 설계할 경우 단일체적으로 보일 수 있다. 이 때 그 단일체적인 인상을 유지하려면 특히 그 건물의 모서리에 대한 마감이 중요하다. 여기서 그 외장재가 실제로 얼마나 얇은지에 대한, 혹은 심지어 열린 줄눈의 증거가 드러난다면, 건물의 외관이 단단해 보이기란 어려울 것이다. 주춧돌과 맞댄 줄눈(closed joint)은 단일체적인 효과를 강화한다. 〉 그림 75 참고

(2) 층위와 표면

기능
Function

기술수요들을 가능한 한 완전히 충족하려면, 다양한 층위로 이루어진 영역들이 거의 불가피하게 요구된다. 이는 외벽뿐만 아니라 지붕과 천장, 심지어는 막중한 수요가 부과되는 내벽에도 적용된다. 하중의 분산과 보강, 단열, 밀봉, 방음 및 방화, 습기조절 및 손상방지, 이런 것들은 일련의 한 층위들이 충족시켜야 하는 수요들의 일부일 뿐이다. 〉 '재료 요건' 장의 '기능유지' 참고

가시층/비가시층
Visible / invisible layers

이러한 층화는 투명영역들 내에서 볼 수 없다. 정상적인 이중유리나 삼중유리에서 유리의 낱장들은 밀봉을 해야 하며, 그 간극들에는 단열 및 방음 효과를 향상시키기 위해 비활성기체를 주입한다. 코팅들은 격실로 다시 열을 반사하거나 부적절한 태양광 노출로부터 보호해준다. 〉 '유리' 장 참고 각 요소 층에 부과되는 기능수요들로부터 의미 있게 일련의 층위들을 개발하는 일은 건축가의 핵심과제들 가운데 하나다. 각 요소가 충족해야 하는 요건들을 나열하여 다른 영역들로 할당해야 한다. 그 다음에 개별재료들을 선택하는데 이때 기초가 되는 건 이런 요건들을 충족시키기 위한 그 재료들의 기술적인 속성들이며, 그리고서 그 부품들은 하나의 전체 속에서 기능적인 층위들이 된다. 〉 '기술적 속성' 장 참고 층위가 다르면 사용연한도 다르며, 이것은 마치 기술적 특징과 설계적 특징처럼 서로 정확하게 관련맺어야만 한다.

\\ Tip :

단일체적 건물의 접근법과 그로 인해 상당한 물리적 현장감을 띠는 건축의 효과는 빼내는 설계(subtractive design)를 통해 만들어진다. 이는 그 구조의 몸체 속 깊이 파 들어간 개구부의 예비용도나 단일체적 표면의 일부가 되는 개구부를 내포하는데, 조건은 그것들이 세장한 틀을 통해 그 표면과 완전한 동일평면을 이룰 때, 그리고 그 반사표면들이 건물의 불투명한 몸체 속에 있는 유사한 표면들과 상응할 때다.

그림 76:
표면영역설계

그림 77:
분해된 표면들

표면영역설계
Surface area
design

다양한 층위들이 영역별로 집합하기 때문에, 핵심적인 시각적 특징은 (단일체적 접근에서처럼) 하나의 전체적 건물이 가진 몸체가 아니라 그 개별영역이다. 마찬가지로, 이런 영역들이 서로 결합되는 방식은 다양한 이미지들을 환기시키는데, 응집이 아닌 분업, 취약할 정도의 가벼움, 미동하는 안정감이 아닌 움직임이 그 예다. 〉 그림 76 참고

이런 영역들이 시각적인 효과를 만들기 위해 건물의 경계에서 끝나야할 필요는 없다. 그것들은 경계들 앞에서 끝날 수도 있고, 그 너머로 확장함으로써 그것들의 표면영역으로서의 효과가 분명하게 드러나게 된다. 그 층위들은 경계 부위들에서 분해되어 흩어질 수 있다. 혹은 그 구조의 일부를 제거하여 층위구조의 부분들을 드러내고, 이로써 그 구조와 건설과정, 그리고 건물 전체에 대한 이해를 늘릴 수도 있다. 〉 그림 77 참고

표면영역설계는 가능한 한 얇고 2차원적으로 보이는 표면영역들에서 이론적인 정점에 도달한다. 반면 기술적인 수요가 향하는 건 더 두꺼운 재료, 특히 단열층들에 대한 것이다. 세장한 표면특성의 인상은 층위들을 드러내고 외장재를 그 하부구조로부터 시각적으로 떼어냄으로써 강조된다. 특히 금속외장재 〉 '금속' 장 참고 뿐만 아니라 유리나 플라스틱 〉 '유리', '플라스틱' 장 참고 이 그런 효과들을 가능케 하는데 그런 재료들은 매우 얇은 마감 속에서 생산될 수 있기 때문이다.

(3) 통일성과 다양성

균질성에서 이질성으로
From homogeneous to heterogeneous

특수한 역할을 각기 수행하는 다양한 재료들에 기초하는 것은 단지 건물의 다양한 층위들만이 아니다. 모든 건물의 표면도 동일하지 않은 수요들의 영향을 받거나 심지어 모순적일 수 있으며, 단 하나의 재료로만 충족될 수는 없다. 그렇다면 개별 부재 및 기능들에 대해 선택된 재료들이 이러한 차이들을 반영하는데, 예를 들어 건물의 기초는 역학적 하중의 영향을 받으며, 습기에 대처해야 하기 때문에 수직 벽 및 그 피복재와는 다르다. 건물의 전면과 후면 역시 다른 효과들을 만들어내야 한다. 또한 한 건물 속의 기능들은 선택된 재료들의 성격에 근거하여 표현될 수 있다. 재료들의 다양성은 건물의 스케일과 비례에 영향을 줄 수 있고, 같은 재료를 전반적으로 균일하게 사용해서는 얻을 수 없을 파사드 및 공간 이미지들을 만들어낼 수 있다. › '재료의 지각' 장의 '시각' 참고 이것은 평범한 재료들(아마도 폐기물을 포함한 재료들)이 이루는 전체적인 다양성이 새롭고 독특한 맥락 속에 위치하여 완전성의 결여를 전달하는 동시에 그리 평가를 많이 받지 못하는 요소들을 새롭게 조명하는 일종의 콜라주가 될 수 있다. › 그림 78 참고

다양성에서 일어나는 긴장
Tension arising from diversity

폭넓은 범위의 재료활용은 새로운 기회들을 제공하지만, 갑작스럽게 병치되는 재료들이 갖는 다른 속성들 때문에 기술상의 구조적 위험들이 일어날 수도 있다. 다양한 재료들로부터 일어나는 이러한 긴장 영역이 건축을 생산한다면, 그런 건축의 특질들은 어떤 기존 재료의 의미에 기인하는 게 아니라 그 다양성 자체를 핵심적인 특징으로 만들 것이다. 따라서 그 재료들의 복잡성이 인식되고, 그 자체가 이질적인 구조들 속에서 표현된다. 다른 재료들 간의 대비는 새로운 연결과 긴장으로 이어진다. 다른 표면들, 색상들, 감각적인 효과들이 의미의 차이를 꽤나 의도적으로 전달하며 다른 분위기들을 만들어낸다. › 그림 78 참고

(4) 구조와 표면

하중지지 구조와 표면
Loadbearing structure and surface

건축은 중력을 인정해야 하지만, 그것을 보여줘야 할 필요는 없다. 따라서 하중지지 구조를 다루는 데는 두 가지의 대비적인 접근법이 있다. 설계가 구조와 그것을 뒷받침하는 기능을 표현할 수도 있고, 외견상 중력에 저항하는 것처럼 보일 정도로 의도적으로 구조를 감출 수도 있는 것이다. 지금껏 보아온 것처럼, 입방체나 심지어 단일체적인 접근은 구조의 본질을 강조한다. 하지만 그런 입체들을 별개의 영역들로 분해하면 가벼운 효과가 생겨나고, 그 구조는 배경으로 변화한다. 재료들의 성격은 기본적으로 하중지지 부재들의 배치와 치수, 설계를 통해 가벼움이나 무거움의 감각을 만들어내는 데 핵심적으로 기여한다. 특히 강재처럼

그림 78:
재료들의 콜라주

그림 79:
투명성과 가벼움

효율적인 재료들을 쓰면 구조단면을 작게 할 수 있다. 매끄러운 표면들은 가벼운 인상을 높여준다. 〉 그림 79 참고

가벼움과 무거움
Lightness and weight

넓은 표면적에 걸쳐 확장하는 색상이나 패턴들은 가벼움의 효과를 외관을 분해시키는 정도로까지 이끌 수 있다. 예를 들면 유약타일의 섬세한 표현과 패널, 반짝이는 표면들이 특히 여기에 적절하다. 고광택 천연석재와 유리의 질감은 연속적으로 보이면서도 외견상 더 이상 필요한 개구부들로 인한 불리함이 없는 외피를 형성할 수 있다. 〉 그림 77 참고

이런 종료의 표면들은 관찰자가 이동함에 따라 계속해서 명멸하며 변화한다. 금속라스나 와이어메시, 혹은 금속 타공판들을 사용하면 표면이 가볍고 투명한 외피처럼 보일 수 있다. 〉 '금속' 장 참고 섬세한 양각을 한 플라스터나 천연석재 표면들도 유사한 효과를 만들어낼 수 있다. 이와 정반대에 위치하는 재료는 거칠게 처리되는(rusticated) 마름돌로서, 이는 단단함과 중량감의 정수다. 벽돌 벽도 질감이 거칠고 광택이 없는 만큼 유사한 효과를 만들어낸다. 벽돌쌓기 방식의 선택, 특히 줄눈과 모르타르를 어떻게 할 것이냐가 전반적인 인상에 핵심적으로 기여한다. 〉 '도자기질과 벽돌' 장 참고

그 미묘한 차이
That subtle difference

매우 작은 차이들이 한 건물의 외관에 상당한 영향을 줄 수 있다. 매끄러운가 아니면 결이 있는가, 소박한가 아니면 장식적인가, 줄눈들이 있는가 아니면 하나의 평면으로 되어 있는가, 혹은 심지어 미세한 얼룩이 있는가도 영향을 줄 수 있다. 이런 차이들은 재료 자체에 내재하는 본질적인 차이일 수 있다. 섬세한 결이 있거나

활활 타오르는 색상의 석재와 관계 맺는 균일한 색상의 천연석재, 황갈색에서 강렬한 적색, 그리고 적갈색에까지 이르는 벽돌색들의 다양성, 혹은 거의 무한한 범위의 다양한 목재유형들이 그 예다. 재료를 어떻게 처리하느냐에 따라 미묘한 차이들이 생겨날 수도 있다. 〉 '재료의 분류' 장 참고 또한 재료의 코팅도 부가적인 차이를 일으킬 수 있는데, 유색이냐 무색이냐, 혹은 무광이냐 유광이냐의 차이가 있다.

(5) 줄눈과 연결재

일견 줄눈과 연결재들은 부분들을 결합하여 하나의 전체를 형성하는 이차적인 부재들로 보인다. 그것들은 반드시 같거나 다른 건물 부재들이 결합하는 곳, 혹은 한 건물이나 파스드의 별개 부재들을 구분해야 할 곳에 배치됨으로써, 그것들에 다른 감각의 신축성이나 위치를 부여한다. 하지만 이런 재료들은 기본적으로 눈에 띄는 요소들로서 남는다.

줄눈패턴
Joint patterns

하지만 구분적인 요소로서의 줄눈은 기본적으로 재료들의 구분이 아닌 그것들의 구성을 보여준다. 줄눈들은 하나의 특정재료로 만들어지지 않고 실로 그것의 속성들로부터 도출되는 건물부재들이다. 줄눈들은 재료 자체이든, 그것의 오목한 형태이든 간에 한 재료의 외장적인 요소들을 보여준다. 줄눈들은 패턴을 만들어내며, 한 건물의 보다 큰 비례 속에서 중간적인 단계들의 디테일을 정한다. 이러한 줄눈패턴들은 가용한 재료형식의 규모들이나 신축줄눈의 간격, 혹은 건물 특정부분의 성격과 같은 기술요건들에 기초한다. 하지만 설계자는 언제나 수반되는 창조적 아이디어들을 견지한 채 자유롭게 줄눈패턴을 만들어낸다. 이는 각 층과 하중지지구조, 개구부배열의 분명한 표현이 만들어내는 수요들에 근거하여 논리적으로 개발할 수 있다. 또한 설계자는 이런 요인들을 의도적으로 감춘 채 그것들에 독립적인 패턴들을 덧씌울 수도 있다. 〉 그림 79 참고 궁극적으로, 줄눈패턴은 건물의 형태적 리듬과 그 스케일의 보다 섬세한 측면들에 주요하게 기여한다. 예를 들어 조적구조에서 맞댄 모르타르 줄눈은 육중한 인상을 만들어내며 그 디자인이 균일하고 중량감 있게 보이게 한다. 경사 줄눈(raked-out joint)은 수평적으로 층화된 벽

\\ Tip :

줄눈이 만드는 패턴들을 개발할 때 최초의 안내 자료는 한 재료의 줄눈과 연결재로서 간단하고도 분명하게 사용되는 전형적인 방식들이다. 그런 방식들은 디자인을 더욱 명쾌하고 논리적으로 보이게 할 수 있다. 그 다음에는 이를 바탕으로 더욱 자유롭게 다르게 개발하는 게 가능하다. 예를 들면, 하나의 추상적인 줄눈패턴이 그 디자인을 더욱 역동적으로 보이게 할 수 있다.

의 이미지를 강화한다. 하지만 외장재가 얇은 경우, 열린 줄눈은 그 이면의 구조를 드러내고 사용되는 재료가 하나의 층임을 보여줄 수 있다. 〉 그림 80 참고

고정 장치
Fastenings

연결재들은 천연석재 커튼월에서처럼 가시적일수도, 목조패널 고정에 사용되는 나사들처럼 비가시적일 수도 있다. 연결재의 우선적인 임무는 부재들의 정확한 위치를 보장하는 것이지만, 또 하나의 임무는 그 재료의 신축을 수용하는 일이다. 신축의 석재의 경우 미미하지만, 목재와 금속에서는 중대한 요인이다. 보이지 않는 고정 장치들이 특정한 리듬으로 반복되면 한 건물의 외관에 상당한 차이를 만들어낼 수 있다. 강구조에 쓰이는 리벳들은 힘의 흐름을 보여준다. 〉 그림 81 다른 많은 가시적인 연결재들처럼, 그것들도 건축에서 줄눈이음 및 연결 과정의 인상을 전달한다.

줄눈의 효과
Effect of joints

줄눈과 연결재는 한 재료의 성격을 강조함으로써 전반적으로 하나의 유기적인 이미지에 기여할 수 있다. 하지만 그것들은 의도적으로 특징들을 감출 수도 있으며, 이것이 그 재료보다 훨씬 더 큰 영향을 만들 수가 있다. 이때 그 줄눈패턴이나 연결부재는 재료를 배경으로 밀어내는 그것만의 독립적인 표현적 특질로써 디자인을 지배한다. 궁극적으로 줄눈과 연결재들은 전반적인 아이디어에 이바지하고 그것의 현장감을 향상시키기 위해 있는 것이다. 그것들을 다뤄야 하는 이유는 하나의 건물이 수많은 부분들로 이루어지기 때문이다. 이런 부분들은 모두 다른 기능과 재료, 형상, 크기를 갖고 있으며 결국에는 하나의 전체를 형성해야 한다. 그것들의 최종형태가 갖는 성격은 한 건물의 디테일이 응집이나 분리, 긴장이나 가벼움, 강도나 취약성 중에서 무엇을 전달할지를 결정한다.

그림 80:
하나의 퍼포먼스로서의 열린 줄눈들

그림 81:
프랑크푸르트의 중앙기차역

4. 결론

재료의 선택과 가공, 그리고 디테일작업은 설계과정에서 핵심적인 역할을 수행한다. 형태와 재료는 하나의 일관된 통일성으로 녹아들어야 한다.

재료특성
Material quality

한 재료에 대한 시각적인 인식이 전달하는 순수하게 시각적인 수준이 대개 처음 다가오는데, 질감과 반사적 특성, 줄눈, 기타 많은 측면들이 그러하다. 다른 감각들을 통한 인식도 연결되는데, 만져봤을 때 재료의 느낌, 그것의 냄새, 청각적이고 열적인 속성들이 그런 것이다. 한 재료의 내적 속성들, 예를 들어 물리적인 구조라든가 하중지지능력, 내구성, 그리고 재료들이 환경에 영향을 주는 많은 방식들은 대개 보이지 않는 속성들이다. 이러한 객관적인 "내적 가치들"이 무엇이 기술적으로 가능하지를 정의하고 궁극적인 재료실현을 논리적이고 의미 있게 만든다. 결국 모든 재료는 그것이 전달하는 의미에 의해 정의된다. 많은 사람들이 그런 가치판단들에 동의하지만, 그것들을 객관적으로 분석할 수는 없다. 그리고 그렇기 때문에 그것들을 재해석하여 놀랍게 새로운 수준의 의미를 부여할 수가 있다.

재료구현
Materialization

설계에 재료형식을 부여하는 것은 감각적인 경험과 전문가적 지식뿐만 아니라 대개는 실험과정에서의 기쁨까지도 결합하는 극히 흥미로운 과정이다. 설계와 재료특성 간의 조화를 얻을 수 있고 설계개요와 형태, 재료가 행복하게 협업할 수 있게 되는 것은 오로지 가능한 재료활용 방식들을 시도해보고 그 재료를 폭넓은 범위의 새로운 형태와 구조들 속에서 고려해보는 창조적인 과정 속에서만 가능하다. 도면과 모델, 그리고 재료시험들은 아직 지어지지 않은 무언가를 마치 이미 존재하는 것처럼 보이게 만들 수 있다. 아직 그것이 실재하지 않는다고 해도 말이다.

참고문헌

Borch, Keuning, Kruit, Melet, Peterse, Vollaard, de Vries, Zijlstra: *Skins for Buildings*, BIS Publishers, Amsterdam 2004

Deplazes (ed.): *Constructing Architecture*, Birkhäuser Publishers, Basel 2005

Hegger, Auch-Schwelk, Fuchs, Rosenkranz: *Construction Materials Manual*, Birkhäuser Publishers, Basel 2005

Hugues, Steiger, Weber: *Detail Practice: Dressed Stone*, Birkhäuser Publishers, Basel 2005

Kaltenbach (ed.): Detail Practice: *Translucent Materials*, Birkhäuser Publishers, Basel 2004

Koch: *Membrane Structures*, Prestel Publishing, Munich 2004

Reichel, Hochberg, Köpke: *Detail Practice: Plaster, Render, Paint and Coating*, Birkhäuser Publishers, Basel 2005

Wilhide: Materials, Quadrille Publishing, London 2003

Magazines

DETAIL Magazine for Architecture, Materials + Surfaces, 6/2006, Institut für internationale Architekturdokumentation, Munich 2006

그림출처

10페이지 그림 (E. Cullinan): Viola John

26페이지 그림 (Herzog & de Meuron): Alexandra Göbel

72페이지 그림 (R. Moneo): slide collection, TU Darmstadt, Fachbereich Architektur Entwerfen und Raumgestaltung, Prof. Max Bächer

그림 1, 2, 3, 4, 5, 6, 7, 8, 9, 10, 11, 14, 15, 16, 17, 18, 21, 22, 24 (students at the TU Darmstadt), 25, 26, 27 (M. Breuer), 29, 30, 31 (P.L. Nervi), 32 (T. Ando), 33, 34, 37, 38, 40, 41 right, 42, 45, 46, 47 (H. Kollhoff), 49, 52, 54 (J.M. Olbrich), 55, 57 (P. Zumthor), 58 (HHS), 59 (Krenck Sexton Architects), 60, 61, 62 (Pfeifer. Kuhn), 64, 65, 66 (Herzog & de Meuron), 67 (von Gerkan, Marg + Partner), 68, 69, 70, 71, 72, 73, 74, 75, 78, 79, 81: photographic collection, TU Darmstadt, Fachbereich Architektur Entwerfen und Energieeffizientes Bauen, Prof. Manfred Hegger Special thanks to Viola John and Sebastian Sprenger.

그림 12: Nigel Young/Foster and Partners

그림 13, 43: Ulf Michael Frimmer

그림 19 (P. Zumthor), 35 (F.L. Wright), 36 (H. Herzberger), 48 (J. Utzon), 56 (Forster Partners), 67, 80: slide collection, Prof. Max Bächer

그림 20 (archifactory): with support from Gernod Maul und Bund Deutscher Architekten BDA, Landesverband NRW; www.bda-duesseldorf.de

그림 23 (G. Asplund): Christopher Klages

그림 28 (HHS): with support from Constantin Meyer Photographic Cologne and HHS Planer + Architekten AG; www.hhs-architekten.de

그림 44, 76: Bert Bielefeld

그림 37, 50: with support from raumPROBE; www.raumprobe.de

그림 39 (Meixner Schlüter Wendt): with support from Christoph Kraneburg and Meixner Schlüter Wendt Architekten; www.meixner-schlueter-wendt.de

그림 41 left: Brian Pirie

그림 41 centre: Creaton, Werk Autenried; www.creaton.de

그림 51 (B. v. Berkel): Katrin Kuhl

그림 53 (F. Gehry): Isabell Schäfer

그림 63 (NIO): NIO architecten; www.nio.nl

그림 65 left: Festo AG & Co. KG; www.festo.com

그림 77: Atelier Kim Zwarts